亚非沙漠蝗虫灾情遥感监测

董莹莹　赵龙龙　黄文江　著

科学出版社

北　京

内 容 简 介

本书以沙漠蝗虫灾情遥感监测为主题，通过结合遥感科学、地理信息科学、农学、植物保护学、农业气象学、数学、计算机等学科交叉的前沿技术与方法，对沙漠蝗虫发生与为害开展遥感监测研究，并建立蝗情空间信息系统云平台。主要内容包括：时空大数据分析处理、沙漠蝗虫繁殖区监测、沙漠蝗虫迁飞路径分析、沙漠蝗虫灾情遥感监测、沙漠蝗虫灾情遥感监测系统云平台构建与应用等。

本书可以为沙漠蝗虫灾情遥感监测及其应用提供技术参考，也可以作为从事农业遥感、农业信息化、植物保护等学科领域工作人员的科研、教学与应用的专业参考书，帮助相关人员了解该领域的研究进展，有助于提升虫情遥感监测及其应用水平。

图书在版编目（CIP）数据

亚非沙漠蝗虫灾情遥感监测/董莹莹，赵龙龙，黄文江著. —北京：科学出版社，2021.3

ISBN 978-7-03-068239-0

Ⅰ. ①亚⋯ Ⅱ. ①董⋯ ②赵⋯ ③黄⋯ Ⅲ. ①遥感技术-应用-沙漠蝗-生物监测-研究-亚洲、非洲 Ⅳ. ①X835

中国版本图书馆 CIP 数据核字（2021）第 040585 号

责任编辑：李秋艳 朱 丽/责任校对：樊雅琼
责任印制：吴兆东/封面设计：蓝正设计

科学出版社 出版
北京东黄城根北街 16 号
邮政编码：100717
http://www.sciencep.com
北京建宏印刷有限公司 印刷
科学出版社发行 各地新华书店经销
*
2021 年 3 月第 一 版 开本：787×1092 1/16
2021 年 3 月第一次印刷 印张：7 1/4
字数：171 000

定价：98.00 元
（如有印装质量问题，我社负责调换）

序

　　粮食是人类生存的根本，粮食安全是全球可持续发展和社会稳定的基石，人类社会存续至今，粮食生产及其安全是亘古不变的话题。随着科学与技术的不断发展，人类在历史长河的各阶段总是通过对粮食安全生产保障体系的适应性变革来维护种族延续。近年来，全球变化加剧，干旱、洪水、地震、病虫等灾害日益肆虐，尤其是全球性重大害虫的暴发和加速迁飞、扩散与蔓延，使世界各国处于粮食安全威胁的阴霾之下。如何利用当代最新科学技术成果，完善和创新粮食安全生产保障体系，不仅是中国科技工作者的崇高使命，也是全球约 76 亿人口应对饥馑发生所面临的巨大挑战。

　　在粮食安全生产保障体系中，病虫害的监测、预警与防控首当其冲。传统植保领域基于地面点状采样的病虫害监测方法和气象驱动的趋势性预警模式，已不能满足病虫害高效、精准、绿色防控需求，亟须推进病虫测报与防控的原始科学创新与技术发展，切实促进适应全球变化新形势的体系变革。在学科交叉大背景下，病虫测报迫切需要遥感技术的切入，以提供时空连续的信息监测手段和时空联动的信息处理模式。通过将病虫生物学与遥感科学有机结合促进病虫害时空监测预警模式的创新发展；充分利用遥感对时空尺度的扩展和延伸的优势，结合防控需求搭建从科研成果到实际应用的桥梁，助力推广和实施绿色防控；最终构建病虫害监测预警空间信息服务平台，联合国际和国内各大机构与政府职能部门共同助力病虫防控，为保障农业生产提供科技服务支持，实现全球变化背景下治虫防病的新理论、新方法和新技术。

　　该书针对国际上最具有破坏性的重大迁飞性害虫——沙漠蝗虫，系统研究了其繁殖区定量提取、迁飞路径动态分析及灾情监测技术，并建立了沙漠蝗虫空间信息系统，生产了虫害监测应用产品，相信能够对保障全球粮食安全和生态安全，维护区域稳定提供重要的科技支撑。董莹莹博士是植被病虫害遥感监测与预测研究领域的杰出青年创新人才，在数据处理、监测预警建模、智能系统开发与推广应用等方面取得了系列研究成果。该书通过系统地分析沙漠蝗虫的发生特点和监测预警研究现状，以作者团队在沙漠蝗虫监测领域所开展的科学研究和实践应用为实例，全面阐述了沙漠蝗虫灾害遥感监测方法与关键技术。该书创新地将基础理论与前沿技术相结合，为沙漠蝗虫防治提供数据、方法和技术支持，是目前在空间信息技术应用和植物保护科研教学领域尚不多见的重要参考资料。

在大数据时代，遥感技术的迅猛发展切实推动了学科领域内科学研究与应用研究的进步。希望该书的出版能对遥感工作者、病虫害测报相关科研和推广人员等有所裨益，进而引发同行特别是年轻的遥感学者们对于病虫害遥感方面更多的思考和探索。衷心祝愿作者勇攀高峰，在该领域取得更大的进步，为促进遥感科学发展做出新的贡献。

2020 年 12 月

前　言

　　全球气候变化背景下，病虫危害形势日益严峻，植被生态系统面临着前所未有的可持续发展问题，对生态安全和区域稳定造成极大冲击。为保障全球粮食安全和人类福祉，迫切需要发展植被病虫灾害监测预警创新科技体系，加速病虫害防治模式的根本性变革，实现智慧植保和绿色生态。蝗虫是全球范围内的主要迁飞性害虫，其中沙漠蝗虫发生危害最为严重，被认为是全球最具威胁性的害虫之一，其大暴发时会影响亚非 60 多个国家和地区，严重危害农牧业生产。近年来，极端天气频发，虫害发生、迁飞、扩散呈加重趋势，对粮食安全构成严重威胁。虫害的频繁发生和扩散危害除与气象因素和管理水平有关外，也与当前针对沙漠蝗虫大面积快速监测及灾变趋势分析等方面的研究较为薄弱关系密切，而这也是造成沙漠蝗虫防控一直处于被动局面的主要原因之一。

　　传统的虫害监测多依靠人工目测手查、田间取样等方式，此类方法虽真实性和可靠性较高，但耗时、费力，且存在代表性差、时效性差、主观性强等弊端，难以满足当前虫害大面积及时、科学、绿色防控需求，且农药的大量施用易造成土壤污染、水污染等面源污染，严重影响农牧产品的品质与安全。因此，当前迫切需要发展大区域高精度快速虫害定量监测方法、系统与应用产品。遥感技术具有的及时、宏观、快速、动态等特点，使其在沙漠蝗情监测研究中具有独特优势，一方面能够实时获取面状连续的虫害发生信息，突破传统地面调查常用的目测手查单点监测方法，解决传统方法代表性差和时效性差的问题；另一方面能够快速获取时空连续的虫害发生发展的生境信息，结合地面点观测和气象数据等，借助地理信息系统，进行虫害生境适宜性和迁飞路径与受灾情况的时空动态分析，弥补仅用气象数据和虫害发生历史资料进行灾情分析的局限性。

　　当前，遥感技术被广泛地应用于地表参数反演、病虫生境监测、危害监测、病虫害发生预测、损失评估等方面。随着空间对地观测的发展，尤其是国内外先后发射了包括国产高分（GF）系列、美国 Landsat 系列、欧空局 Sentinel 系列等多颗高时空分辨率的遥感卫星，建成了高达米级的空间分辨率和约 5 天的全球重访周期；加之基础地理数据、土地利用/覆盖数据、气象站点数据、虫害测报数据等的普及，为虫害动态监测和损失评估提供了时空连续、类型丰富的海量时空大数据。利用新型遥感技术开展沙漠蝗虫的探测机理研究，实现大面积、快速地沙漠蝗虫灾情监测，并构建业务化运行的监测系统对保障粮食安全和生态安全，促进农业可持续发展，维护区域稳定具有重要的理论意义和现实价值。

本书针对当前农牧业高产、优质、绿色的现实需求，系统地分析了沙漠蝗虫的发生特点和灾情监测研究现状，以著者团队在沙漠蝗虫监测领域所开展的科学研究和实践应用为实例，全面阐述了沙漠蝗虫繁殖区定量提取、迁飞路径动态分析及灾情监测关键技术，并建立了沙漠蝗虫空间信息系统，生产了虫害应用产品。本书创新地将基础理论与前沿技术相结合，为沙漠蝗虫防治提供科学信息，为联合国及受灾国家虫害防治提供数据和方法支持，为保障全球粮食安全和生态安全提供重要的科技支撑。本书著者团队多年来一直致力于植被病虫害遥感监测预警研究工作，黄文江研究员系统规划了本书的框架，在本书撰写过程中进行了具体详尽的技术指导，并完成了第 1 章内容的撰写。第 2 章和第 3 章撰写工作主要由董莹莹博士负责完成，第 4 章和第 5 章撰写工作主要由董莹莹博士和赵龙龙博士合作完成。董莹莹博士和赵龙龙博士负责全书内容的统稿。本书的相关工作得到了来自中国科学院空天信息创新研究院郭华东院士、张兵研究员、闫冬梅研究员、刘洁博士、范湘涛研究员、杜小平副研究员、窦长勇副研究员，以及中国科学院大气物理研究所贾根锁研究员和中国科学院计算机网络信息中心黎建辉研究员等专家的悉心指导，在此表示衷心感谢。我们还需感谢科学出版社资环分社李秋艳博士在书稿撰写和编辑方面给予的建议和帮助。本书的出版体现了研究团队多年工作的积累，吸收了许多博士后和研究生科研工作中的精华，在此特别感谢为本书的整理及校对而辛勤工作的博士后和研究生们，他们是阮超、耿芸、孙瑞祺、黄滟茹、刘林毅、张弼尧、丁超、张寒苏、孙忠祥、马慧琴、郭安廷和李雪玲等。

本书出版得到了国家重点研发计划政府间国际科技创新合作重点项目（2017YFE0122400），国家重点研发计划项目课题（2016YFB0501501），中国科学院 A 类战略性先导科技专项（XDA19080304），国家自然科学基金项目（42071320、42071423、41801338），国家高层次人才特殊支持计划（万人计划：黄文江），北京市科技新星计划（Z191100001119089），中国科学院青年创新促进会（2017085）等的资助。

随着空间对地观测技术的发展和农业智能化的不断深入，虫害遥感监测方法和技术将不断走向成熟。著者期望本书的问世能为虫情遥感监测研究提供参考，促进虫害遥感研究的发展。由于著者水平和精力所限，书中内容和观点难免存在不足之处，恳请读者不吝赐教。

著 者

2020 年 9 月于北京

目　　录

第1章 绪　　论

粮食安全一直是国际社会关注的热点，在全球气候变化背景下，虫害的发生范围、发生等级及其扩散危害程度有明显的扩大和增强趋势。蝗虫是世界范围内的重大迁飞性害虫，其中，沙漠蝗虫（*Schistocerca gregaria*）（Forskål，1775）被认为是世界上最具破坏力的蝗虫之一，具有食量大、繁殖能力强、飞行距离远等特点（Symmons and Cressman，2001；于红妍和石旺鹏，2020）。一只沙漠蝗虫成虫一天能吃掉与自己体重相当的食物，一个普通规模的沙漠蝗群通常由4000万只蝗虫组成，可消耗3.5万人一天的粮食。蝗群能在一天内飞行达150km，其扩散区域最大可达2800万 km^2（Simpson and Sword，2008）。沙漠蝗虫一直以来都是制约亚非粮食安全、生态安全、农民增收和社会安定的重要因素，其暴发会对亚非农牧业生产、粮食安全及国民生计构成严重威胁。

自2018年起，异常天气致使沙漠蝗虫于阿拉伯半岛南部沙漠边缘不断繁殖，并逐步蔓延席卷东非、西亚和南亚多个国家，蝗虫危害程度达肯尼亚70年之最，是埃塞俄比亚和索马里25年之最。联合国粮食及农业组织（Food and Agriculture Organization of the United Nations，FAO）向全球发出预警，希望各国高度戒备蝗虫灾害，建议采取多国联合防控措施以防沙漠蝗虫入侵国家出现粮食危机。由于沙漠蝗虫多发生于偏远地区，其繁殖区、迁飞动态和危害范围的监测技术一直是困扰各国、导致防治被动的瓶颈问题。当前，传统人工监测方法和基于气象站点的分析方法只能获取"点"上的虫害信息，不能满足"面"上对虫害的大面积监测预警和实时防控需求（Latchininsky et al.，2010；Cressman，2013）。遥感技术能够高效客观地实现大面积、时空连续的虫害发生发展状况监测预警，对于虫害的高效监测、快速预警，以及绿色科学防控具有重要的实用价值（谢小燕等，2020）。

近年来对地观测技术的快速发展为蝗情的大范围监测预警提供了有效技术手段，国产高分（GF）系列和环境减灾（HJ）系列、美国 MODIS 和 Landsat 系列、欧空局（European Space Agency，ESA）Sentinel 系列等卫星遥感数据，正构筑起一个高时间分辨率、高空间分辨率、多谱段、全覆盖的对地观测系统，对大面积、快速指导虫害高效科学防控、保障粮食安全具有重要意义。此外，不断更新加密的气象站点数据以及由遥感、气象等多源数据耦合形成的面状气象产品为蝗情测报提供了更为全面的信息来源。随着蝗虫生物学特性研究的不断深入，以及遥感技术在虫害监测等方面的广泛应用，人们对虫害发生扩散过程和环境影响因素的认识不断提高，使得蝗虫的发生发展过程能够通过模型的方式进行刻画和模拟，为蝗情监测预警等模型构建提供了方法指导和技术支撑。

本书以中高分辨率卫星影像为主要遥感数据源，结合土地利用/覆盖数据、气象数据、地面调查数据等，针对沙漠蝗虫的发生发展特点，定量提取并分析与蝗虫发生分布密切相关的气候、植被和土壤等生境因子；进而耦合害虫生物学机理、虫害发生扩散模型及灾害监测模型，对肆虐东非、西亚和南亚多国的沙漠蝗虫的繁殖、迁飞时空分布及重点危害国家的灾情开展定量监测，为保护生态环境、保障粮食安全、维护地区稳定贡献科技力量。

1.1 沙漠蝗虫特征与为害

1.1.1 沙漠蝗虫形态特征

沙漠蝗虫属蝗总科（Acridoidea）沙漠蝗属，是一种栖息在沙漠的短角蝗虫（short-horned grasshoppers）。沙漠蝗虫具有改变其行为和习惯的能力，在一定条件下可形成密集蝗群进行远距离迁飞。沙漠蝗虫可进行生态相的突变，即由散居变为群居，按其生态相位，可分为散居型（solitarious）、过渡型（transiens）和群居型（gregarious）3种类型（Symmons and Cressman, 2001）。沙漠蝗虫数量的增长和对食物的竞争，会导致它们从散居型变为群居型，且蝗虫的外观也会随之发生变化，散居的蝗蝻（hopper）为绿色，而群居的蝗蝻为黑色，散居的成虫（adult）为棕色或褐色，而群居的成虫为粉红色（未成熟）和黄色（成熟）（Showler, 2008；Simões et al., 2016）（图1.1）。

图 1.1 沙漠蝗虫散居型蝗蝻和成虫（左）与群居型蝗蝻和成虫（右）（据 Simões et al., 2016）

沙漠蝗虫的生命周期分为 3 个阶段，即卵（egg）、蝗蝻和成虫（Symmons and Cressman，2001）。雌虫一般选择在地表以下 10～15cm 湿润的沙质土壤中产下卵荚（pods），在产卵前，雌虫会将腹部尖端插入土壤以探测土壤是否有具有充足的水分来完成孵化（Latchininsky，2013）。蝗群通常会成批且密集地产卵，每平方米可产下数十甚至上百个卵荚（FAO，2016b）。一只雌虫一生中可产 2～3 个卵荚，通常间隔约 6～11 天。群居的雌虫通常一个卵荚中产卵不到 80 粒，散居的雌虫可在一个卵荚中产卵 90～160 粒（FAO，2016b）。产卵到孵化这段时间为孵化期，卵的生长速度随土壤温度的变化而变化。当卵完全发育时，蝗蝻便会冲出卵壳完成孵化。通常，来自一个卵荚的蝗蝻会在同一天孵化。孵化完成后，卵田会发现一些或大或小的蝗蝻群。1～2 天后蝗蝻群就会聚集形成更大的群体，四处活动（Steedman，1990）。

蝗蝻通过不断蜕皮来生长，其从卵中孵化后需经过 5 次蜕皮（Latchininsky，2013）。蝗蝻共分 5 个龄期，其中刚孵化的蝗蝻为 1 龄，平均体长 7mm，以黑色为主；2 龄平均体长 15mm，颜色较 1 龄浅，头部更大；3 龄平均体长 20mm，前背板下可见明显的翅芽；4 龄平均体长 33mm，颜色为明显的黑色或黄色，翅芽更大，但短于前背板长度；5 龄平均体长 50mm，为明亮的黄色带黑色，翅芽比前背板长，但无法飞行（Symmons and Cressman，2001）。在第 5 次蜕皮完成后，蝗虫进入成年阶段，起初它是柔软的粉红色，几天后表皮变硬，具备飞翔能力，称为不成熟成虫（fledging）。

当食物供应和天气条件合适时，成熟期可能会在 2～4 周内发生，成熟时，蝗虫变黄，体长约 70～80mm，重约 2g（Showler，2008）。随着蝗虫的成熟，大群蝗虫会逐渐分裂为小群，雄性首先开始成熟，并散发出刺激雌性成熟的气味。成熟的雄性会跳到成熟的雌性背部进行交尾，交尾一般会持续几个小时；之后，雌性的腹部开始随着受精卵的发育而肿胀，然后寻找合适的土壤产卵。

1.1.2 沙漠蝗虫发生规律

蝗虫从卵到蝗蝻又到成虫称为一个生活周期或生活史，又叫作一个世代，简称 1 代。沙漠蝗虫一个世代所需的时间一般为 3～5 个月（FAO，2016b），主要取决于天气和生境条件。卵在 10～65 天内孵化，蝗蝻在 24～95 天内发育（平均约 36 天），成虫在 3 周～9 个月内成熟（平均约 2～4 个月）（Symmons and Cressman，2001）。因此，沙漠蝗虫每年不止 1 代，而是一年 2 代、3 代甚至是 4 代。沙漠蝗虫一年发生世代数的多少取决于地理位置、生境条件以及卵、蝗蝻、成虫的生长发育情况。在食物比较丰富的条件下，温度对发生世代的影响最大；在凉爽干燥的环境下，任何阶段的发育时间都较长（FAO，2016b）。

当干旱区域出现异常大的暴雨时，蝗虫就会利用这种罕见的降水，迅速成倍地增加。

一旦有利的栖息地随天气变化逐渐干涸、缩小，大量的蝗虫将被迫移动到范围较小的绿色植被区，并不断聚集。紧密的身体接触会导致蝗虫的后腿相互碰撞，这种刺激触发了蝗虫的新陈代谢和行为变化，导致蝗虫从散居型转变为群居型（Simpson et al.，2001）。沙漠蝗虫在无翅的蝗蝻阶段不断聚集呈带状分布，称为蝗蝻带（bands）。羽化后的成虫可以组成成熟蝗群（swarms）（Symmons and Cressman，2001），如图 1.2 所示。

图 1.2　沙漠蝗虫发生发展情况（据 FAO，2016b）
（a）散居型蝗蝻；（b）群居型蝗蝻带；（c）散居型成虫；（d）群居型成虫蝗群

1.1.3　沙漠蝗虫分布与为害

数千年来，沙漠蝗虫灾害被视为北非、中东、西亚农业生产的巨大威胁。《圣经》和《古兰经》中都提到了蝗灾，有关北非蝗虫入侵的记载可追溯到公元 811 年，但直到 20世纪，才保存了更精确的记录（Showler，2008）。对沙漠蝗虫而言，无广泛分布且无严重蝗虫侵扰的平静时期称为衰退期（recession）（Cressman，2016）。在衰退区域，沙漠蝗虫随风扩散，夏季常出没在萨赫勒地区（Sahel）、苏丹（Sudan）中部和印巴边界（Indo-Pakistan Border）的沙漠区域，冬季/春季常出没在非洲西北部毛里塔尼亚（Mauritania）、红海（Red Sea）和亚丁湾（Gulf of Aden）沿岸、阿拉伯半岛（Arabian Peninsula）中部及伊巴边界（Iran-Pakistan Border）地区（图 1.3）（Pedgley，1981）。这些干旱和极度干旱地区的面积约 1600 万 km²，覆盖 30 多个国家（Cressman，2016）。沙漠蝗虫常在稀疏的一年生植被上栖身，并在间歇降水后于潮湿的沙土中产卵，以此来寻求生存。当生态环境和气候条件适宜时，蝗虫会连续繁殖多代，进而聚集成群并入侵衰退区及其外围的多个国家，北至西班牙和俄罗斯，南至尼日利亚和肯尼亚，东至印度等国；严重时可影响约 3200 万 km²（约占地球陆地面积的 20%）范围内多达 60 个国家的农牧业生产和安全。

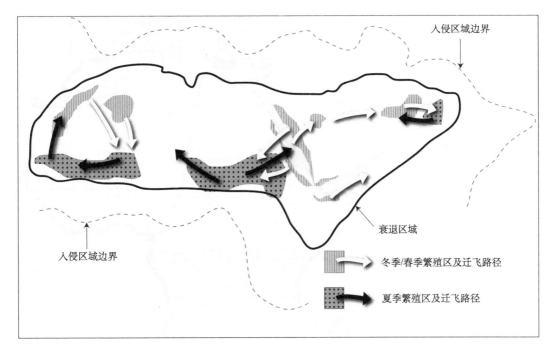

图 1.3 沙漠蝗虫衰退、入侵区域及典型繁殖区地理分布（据 Cressman，2016）

　　毛里塔尼亚和印巴边界的沙漠中常年有沙漠蝗虫发生，调查人员通常会对常发区进行野外采样，并结合遥感影像及历史记录，对蝗虫的发生情况进行分析。若有部分蝗虫分布且规模不大，则 FAO 会向各国发布蝗虫威胁（threat）预警；若降水充沛且植被茂盛，则沙漠蝗虫数量会迅速增加，并在一两个月内集中形成小的蝗蝻带或蝗群，此类情形被称为蝗虫暴发（outbreak），其通常发生在一个国家/地区约 5000km² 的区域；若无法控制蝗虫暴发或同期暴发，且邻近地区出现大范围降雨或异常暴雨，则蝗虫可能连续数次繁殖，导致蝗蝻带和蝗群形成，此称为热潮（upsurge）；若无法控制热潮，且环境条件依旧有利于蝗虫繁殖，则蝗虫数量和规模将持续增加，大多数蝗虫会以蝗蝻带和蝗群的形式出现，进而形成蝗灾（plague）（FAO，2020a）。当两个或多个地区同时受到蝗灾影响时会造成严重的蝗灾。之后，当环境条件不适宜沙漠蝗虫繁殖或人类防控行动取得成功，从而致使种群数量分散和衰退的时期，被认为是衰落期（decline）（图 1.4）（Cressman，2016；FAO，2020a）。对沙漠蝗虫而言，暴发时常发生，但只有极少数暴发会导致热潮；同样地，仅有极少数热潮会导致蝗灾；蝗灾不会在一夜之间发生，其至少需要一年或一年以上的时间发展而成。沙漠蝗虫的暴发并没有特定的周期，依据 FAO 最新记录显示（FAO，2017），亚非地区曾多次发生规模、历期不等的蝗虫为害，具体信息见表 1.1 和图 1.5。

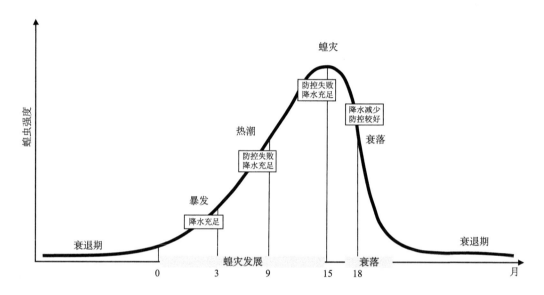

图 1.4 沙漠蝗灾的演变（据 Cressman，2016）

表 1.1 亚非沙漠蝗虫历史发生为害情况统计（据 FAO，2017）

蝗虫强度	发生年份
衰退	1868 年、1882～1888 年、1911 年、1920～1925 年、1935～1939 年、1948 年、1964～1967 年、1969～1972 年、1975～1976 年、1981～1985 年、1990～1992 年、1995 年、1999～2002 年、2006 年
热潮	1912 年、1925～1926 年、1940～1941 年、1949～1950 年、1967～1968 年、1972～1974 年、1977～1980 年、1985 年、1992～1994 年、1996～1998 年、2003 年
蝗灾	1861～1867 年、1869～1881 年、1889～1910 年、1912～1919 年、1926～1934 年、1940～1948 年、1949～1963 年、1968 年、1986～1988 年、2003～2005 年
衰落	1917～1919 年、1932～1934 年、1946～1948 年、1961～1963 年、1969 年、1988～1989 年、2005 年

在 20 世纪的前 60 年中，亚非地区共发生了 5 次沙漠蝗灾，其中最长的一次持续了 14 年（Cressman，2016）。自 1963 年以来，蝗灾的发生频率和持续时间急剧下降，约每 10～15 年发生一次，且持续时间很少超过 3 年，各国采用和实施的防控策略也已从治理转向预防。在过去的 50 年中，沙漠蝗灾的减少可归因于众多因素，例如化学农药的引进，

运输和基础设施的改善,以及通信、地理定位、空间分析、遥感等技术的进步等(Magor et al., 2007)。

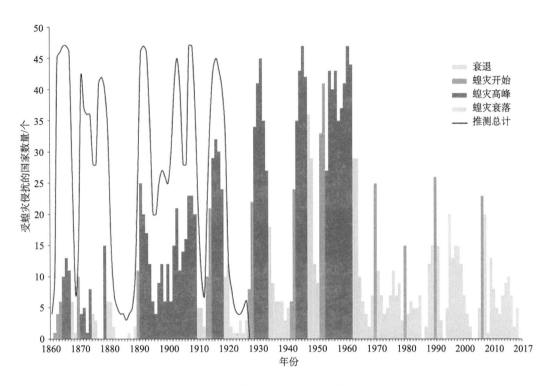

图 1.5 沙漠蝗虫发生为害历史情况(据 FAO,2017)

2018 年热带气旋在阿拉伯半岛南部登陆,给也门、阿曼及沙特阿拉伯交界处的沙漠边缘带来大量降水,为沙漠蝗虫的繁殖提供了有利的生境条件,该区域蝗虫持续繁殖并聚集。由于该地区地处沙漠腹地,人迹罕至,未能及时采取有效措施进行蝗虫防控,从而导致蝗虫在东非、西亚和南亚各国的暴发,并形成热潮。本书内容主要对此次亚非地区沙漠蝗虫的主要繁殖区、迁飞路径和蝗虫危害进行详细的遥感监测研究。

1.2 蝗虫灾情遥感监测研究进展

本节通过对近年来遥感技术在蝗虫监测预警方面的相关研究进行归纳总结,从以下 3 个方面进行介绍:①沙漠蝗虫繁殖区监测研究进展;②沙漠蝗虫发生动态预警研究进展;③蝗虫灾情遥感监测研究进展。

1.2.1　沙漠蝗虫繁殖区监测

现有的针对沙漠蝗虫繁殖区的监测主要是基于土壤和植被两类因子开展。土壤对蝗卵的分布、存活及孵化具有重要影响，雌性蝗虫通常将卵产于含水量 5%～25%、深度 2～15cm 的沙质土壤中。土壤湿度、土壤温度和土壤含沙量的遥感反演可以为蝗虫生境监测提供重要信息。Escorihuela 等（2018）应用基于 DisPATCH 的降尺度方法，协同 Sentinel-1 数据，在 1km 分辨率土壤湿度数据集 SMOS 基础上生产了 100m 分辨率的土壤湿度产品，并将其应用于沙漠蝗虫生境提取与管理防控决策工作中。Gómez 等（2018）基于欧空局的土壤湿度产品，应用机器学习方法对沙漠蝗虫繁殖区进行定位。Piou 等（2019）基于遥感数据评估 1km 分辨率的土壤湿度在沙漠蝗虫繁殖区监测中的潜力。由于沙漠蝗虫食谱范围广泛，植被类型影响较小，但植被覆盖度对其生境选择影响较大。一般来说，植被覆盖度过大或过小均会使蝗虫的繁殖、取食和活动受到限制，不利于蝗虫的生存。常用于植被覆盖度监测的植被指数包括归一化植被指数（normalized difference vegetation index，NDVI）、增强型植被指数（enhanced vegetation index，EVI）等（Tucker et al.，1985；Latchininsky et al.，2016）。部分学者发现在土壤背景影响较大的干旱半干旱地区，使用 NDVI 获取植被覆盖情况具有一定的局限性（Despland et al.，2004）。针对这一问题，相关学者通过构建相应的植被指标，实现了干旱半干旱区稀疏植被和裸地的精准区分。Pekel 等（2011）使用 250m 分辨率 MODIS 数据，构建植被绿度指数评估雨后沙漠中植被的生长情况，从而对沙漠蝗虫繁殖区进行监测。Piou 等（2013）采用 NDVI 和对绿色与干燥植被都敏感的归一化耕作指数（normalized difference tillage index，NDTI）实现了毛里塔尼亚地区沙漠蝗虫繁殖区的实时监测。Waldner 等（2015）运用 SPOT-VEGETATION 和 MODIS 数据生成了亚非地区的动态绿度产品，并对其在沙漠蝗虫繁殖区监测中的应用潜力进行评估。这些研究可为沙漠蝗虫生境及繁殖区监测提供一定的方法借鉴及数据基础。

1.2.2　沙漠蝗虫发生动态预警

蝗虫发生动态预警研究可以及时准确地为蝗虫防控行动提供科学依据，以避免灾情大规模暴发导致粮食危机。当前，蝗虫的发生动态预警研究主要通过多源遥感数据获取植被、气候、土壤等生境因子对蝗虫潜在繁殖区、蝗卵孵化动态、蝗虫发生风险等级及迁飞路径等进行预警。

当前蝗虫潜在繁殖区预警主要通过研究多生境因子对蝗虫发生的适宜性来确定，如Gómez 等（2019）应用 SMAP 卫星的表面温度、叶面积指数（leaf area index，LAI）和土壤水分等生境因子来识别沙漠蝗虫的存在,进而确定其潜在繁殖区。Kimathi 等(2020)基于气温、降水、土壤含沙量、土壤湿度和植被绿度共 5 类因子,运用 MaxEnt 模型实现了肯尼亚、苏丹和乌干达东北部的沙漠蝗虫繁殖区预测。在蝗卵孵化动态预警研究方面,部分学者利用遥感影像数据对土壤水分、温度等生境条件进行反演,分析虫卵孵化与土壤水热的关系,对蝗卵孵化动态进行预警(Escorihuela et al.,2018;Piou et al.,2019)。对于蝗虫发生风险等级预警研究,主要通过蝗虫生境适宜度分析来实现。Van 等(2005)通过监测苏丹红海沿岸植物群落、土壤质地、土壤湿度和土地利用类型等因素,分析该区域沙漠蝗虫生境适宜度,从而预测沙漠蝗虫发生风险等级。Abaker 等(2011)基于 MODIS 获取 EVI 最大值和最小值,结合年总降水量预测沙漠蝗虫在苏丹发生的可能性。部分学者通过遥感反演植被指数或提取植被类型监测植被变化,对蝗虫迁飞动态进行预警(Cherlet et al.,2000;Dutta et al.,2004;Piou et al.,2013;Deveson,2013)。同时,部分学者基于 SMAP、MODIS 数据提取降水、温度、植被等数据,借助地理信息技术实现蝗虫迁飞动态预警(Deveson and Hunter,2002;Cressman,2008;Shroder and Sivanpillai,2016)。

1.2.3 蝗虫灾情遥感监测

蝗虫灾情遥感监测可为蝗虫重点危害区的防控策略制定提供科学依据。当前,蝗虫灾害遥感损失评估多是基于多时相遥感影像数据,提取蝗灾前后植被光谱信息及植被指数变化信息,对蝗虫危害范围及危害等级等进行监测。

部分学者通过检测受灾前后植被的变化对蝗灾进行遥感监测(Bryceson,1990;Ji et al.,2004;陈健等,2008;Deveson,2013;Eltoum et al.,2014;黄文江等,2020),常用的植被信息指标主要包括 NDVI、EVI 等植被指数及 LAI 等冠层信息。季荣等(2003)基于东亚飞蝗暴发年份的多时相 MODIS 遥感数据,反演和比较芦苇分布区域受灾前后的 NDVI,得出受蝗虫不同程度危害的 NDVI 阈值,并在此基础上实现蝗虫危害区及危害等级的监测;Zha 等(2008)应用多时相 Landsat TM 遥感数据,基于 NDVI 差值构建了东亚飞蝗密度指数(locust density index,LDI)模型,并据此确定了东亚飞蝗危害等级。同时,部分学者基于地面高光谱遥感数据,构建了蝗虫灾害导致的植被损失评估模型(赵凤杰,2014;郑晓梅,2019)。随着遥感技术的不断发展,部分学者将无人机高光谱数据应用到蝗灾植被损失评估中,如郑晓梅(2019)和 Song 等(2020)应用无人机高光谱成像仪采集蝗虫危害的芦苇冠层光谱,对芦苇损失进行评估,同时对蝗虫危害等级进行监测。

当前,遥感技术在沙漠蝗虫生境监测、发生动态预警及蝗灾监测等方面得到广泛应用,形成了大量具有学术价值和现实意义的方法和模型,为蝗虫防控做出了重要贡献。

但是，由于全球气候变化，蝗虫的发生范围、发生等级及其扩散危害程度都有明显的扩大和增强趋势，且沙漠蝗虫在大范围内的迁飞和暴发因素逐渐复杂化，对蝗虫发生动态快速监测预警和应急响应提出了更高的要求。本书结合现有研究梳理已有知识，分析沙漠蝗虫发生发展机制，构建耦合气象、遥感、生态、植保等多源数据的沙漠蝗虫生境适宜性分析及灾情监测模型，对东非、西亚和南亚沙漠蝗虫的繁殖区、迁飞路径及灾情进行分析，研究成果可为蝗虫应急响应和实时防控提供基础数据和科学方法支撑，对保障全球粮食安全、维护地区稳定、促进亚非地区可持续发展具有重要意义。

1.3　本书所用数据与方法

本书基于海量时空大数据，结合对迁飞性害虫生物学特性及发生扩散过程和环境影响因素的不断深入研究，构建沙漠蝗虫灾情监测模型，通过大数据高效智能分析处理，对肆虐东非、西亚和南亚各国的沙漠蝗虫繁殖和迁飞的时空分布，以及重点危害国家的灾情开展定量监测与分析。本节旨在介绍本书的研究区和使用的海量时空大数据，以及蝗灾监测方法。

1.3.1　研究区概况

本书所涉及的研究区为 2018～2020 年沙漠蝗虫入侵及蔓延区域，主要为东非、西亚和南亚的若干国家，研究区北邻地中海、黑海，东南邻阿拉伯海和印度洋（图 1.6）。研究区整体位于干旱半干旱气候区，常年高温，降水较少。研究区内荒漠面积较大且人烟稀少，可为沙漠蝗虫提供适宜的繁殖环境，若防控不及时，极易导致蝗灾暴发。根据地理分布、地形及气候特点，研究区可由红海和亚丁湾、波斯湾和阿曼湾分为西部、中部和东部三个区域，各区域详细的地形及气候特征如下。

西部区域，位于红海西岸、亚丁湾南岸、阿拉伯海西南岸、印度洋西岸，包括东北非、非洲之角及其南部国家。地形以高原和沙漠为主，沿海有狭窄低地，区域内有非洲第一大湖维多利亚湖，有大陆上最大的断裂带东非大裂谷，以及被称为"非洲屋脊"的埃塞俄比亚高原；沙漠分布广泛，主要有北部的撒哈拉沙漠和非洲之角东北部的索马里沙漠；气候以热带沙漠气候、热带草原气候为主，年降水量较低（FAO，2005）。该区域主要包括索马里、埃塞俄比亚、吉布提、厄立特里亚、苏丹、南苏丹、肯尼亚、乌干达、坦桑尼亚共 9 个国家。

中部区域，主要为阿拉伯半岛，西部与非洲以苏伊士运河、红海和曼德海峡分界，南端伸入阿拉伯海和印度洋，东部与伊朗隔波斯湾和阿曼湾相望，是世界上最大的半岛。因常年受副高压带及信风带控制，气候干燥，以热带沙漠气候为主，缺乏天然淡水资源，仅有季节性河流和暂时性少量沙漠湖泊。该区域内有两大沙漠，北部为内夫得沙漠（An-Nafud Desert），南部为鲁卜哈利沙漠（Rub'al Khali Desert），其中鲁卜哈利沙漠为世界上最大的流动沙漠，约占阿拉伯半岛的四分之一，面积约 65 万 km² （Arthur，1989），属于热带荒漠气候。本区域包括红海沿岸的沙特阿拉伯，阿拉伯海沿岸的也门和阿曼，波斯湾沿岸的科威特、巴林、卡塔尔、阿拉伯联合酋长国，共 7 个国家。

　　东部区域，包括研究区内除阿拉伯半岛外的其他西亚和南亚国家，北邻中国，东临缅甸和孟加拉湾，南临印度洋，西临阿拉伯海，西南隔波斯湾和阿曼湾与阿拉伯半岛相望。本区域主要地形地貌包括印度河和恒河流域的部分洪泛平原、少量阶地和丘陵地区、伊朗南部的扎格罗斯山脉和尼泊尔北部的喜马拉雅山脉的山地。区域内的塔尔沙漠（Thar Desert）大部分位于印度拉贾斯坦邦，其伸延至巴基斯坦的部分称为 Cholistan，因此也经常统称为 Thar-Cholistan，面积约 20 万 km²，可为沙漠蝗虫提供夏季繁殖区。区域主要气候类型为热带季风气候，降水量和温度有显著的季节性变化，大约 80% 的降水发生在季风期间（FAO，2011a）。本区域主要包括伊朗、阿富汗、巴基斯坦、印度、尼泊尔等国家。

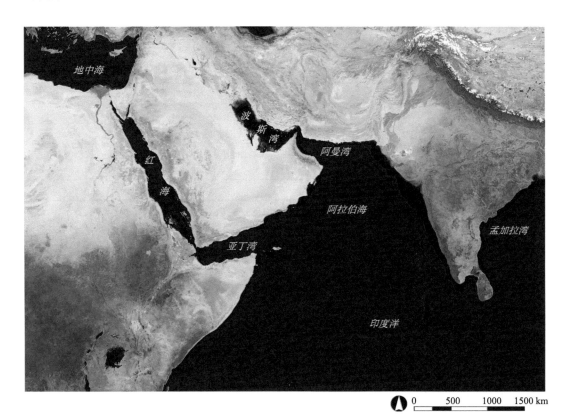

图 1.6　研究区空间分布图

1.3.2　时空大数据

本书主要用到遥感数据、气象数据、基础地理数据及其他辅助数据。其中，遥感数据主要用于提取植被、土壤等蝗虫生境信息；气象数据主要用于计算和提取降水、气温、风向、风速等参数；基础地理数据及其他辅助数据，主要用于沙漠蝗虫灾情监测建模和验证等。具体数据类型及基本信息见表 1.2～表 1.5 和图 1.7。其中，对于 MODIS、Landsat、Sentinel、ECMWF 等具有成熟影像或产品的数据，本书研究多选取二级或三级产品，该类产品大都经过了辐射校正、几何校正、拼接等预处理；基于自主构建的数据处理云平台进行数据整理和存储，可得到用于沙漠蝗虫灾情分析的研究区长时间序列科学数据集。

表 1.2　遥感数据基本信息

数据类型	空间分辨率	时间范围	数据来源
MODIS 地表反射率产品（MOD09A1）	500m	2000～2020 年	https://ladsweb.modaps.eosdis.nasa.gov/search/
MODIS 地表覆盖产品（MCD12Q1）	500m	2001～2019 年	https://ladsweb.modaps.eosdis.nasa.gov/search/
MODIS 地表温度产品（MOD11A2）	1000m	2000～2020 年	https://ladsweb.modaps.eosdis.nasa.gov/search/
Landsat 数据	30m	2000～2020 年	https://earthexplorer.usgs.gov/
Sentinel 数据	10m	2015～2020 年	https://scihub.copernicus.eu/
GSMaP 产品	0.1°	2000～2020 年	https://sharaku.eorc.jaxa.jp/GSMaP/index.htm
Greenness 产品	250m	2010～2020 年	http://iridl.ldeo.columbia.edu/maproom/Food_Security/Locusts/Regional/greenness.html
SMAP 产品	0.25°	2010～2020 年	https://earthdata.nasa.gov/

表 1.3　气象数据基本信息

数据类型	时间范围	覆盖区域	数据来源
热带气旋数据	2018～2020 年	印度洋、阿拉伯海区域	http://www.nmc.cn/publish/typhoon/totalcyclone.htm
ECMWF 产品	1979～2020 年	亚非区域	https://www.ecmwf.int/en/forecasts/datasets

表 1.4　基础地理数据基本信息

数据类型	空间分辨率	数据来源
全球土地利用数据（FROM-GLC10）	10m	http://www.geodata.cn
全球土地利用数据（GlobeLand30）	30m	http://www.geodata.cn
全球 DEM 数据（SRTM 3 Arc-Second Global）	90m	https://earthexplorer.usgs.gov/
各国行政区划数据	—	http://www.tianditu.gov.cn/

表 1.5　其他辅助数据基本信息

数据类型	时空范围	数据来源
沙漠蝗虫地面调查数据	亚非区域 1985 年 1 月～2020 年 12 月	https://locust-hub-hqfao.hub.arcgis.com/
农作物种植区域及日历	重点国家	http://www.fao.org/agriculture/seed/cropcalendar/welcome.do

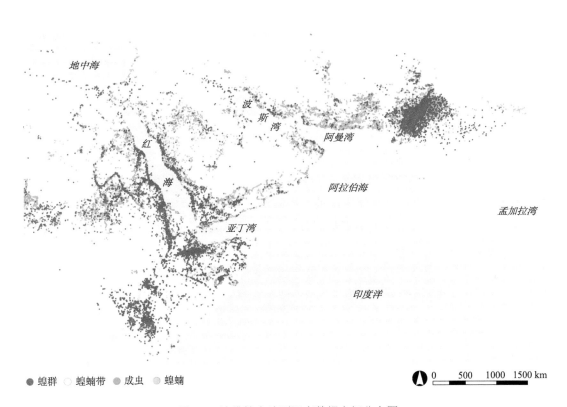

● 蝗群　○ 蝗蝻带　● 成虫　○ 蝗蝻

图 1.7　沙漠蝗虫地面调查数据空间分布图

1.3.3　研究方法

本书开展沙漠蝗虫灾情遥感监测研究，首先，针对与沙漠蝗虫繁殖发育及迁飞密切相关的要素（虫源、寄主、环境等）进行遥感定量提取及其时序变化分析，构建用于沙漠蝗虫生境遥感监测的指标体系；其次，构建针对沙漠蝗虫的生境适宜性模型，在地理信息系统空间分析、地统计学、时空数据融合等技术手段辅助下，结合全球土地利用数据、地面观测数据等多源数据，实现大面积蝗虫繁殖区定量提取；再次，结合蝗虫当前所处区域的生境监测及气象条件信息，对蝗虫迁飞路径进行综合分析；最后，基于植被生长曲线并结合气象条件，对蝗虫危害信息进行提取，开展精细尺度的灾情遥感监测，包括危害植被类型、危害空间分布及危害面积等。

1. 沙漠蝗虫繁殖区提取

沙漠蝗虫繁殖区常呈现季节性，可大致分为夏季繁殖区、春季繁殖区和冬季繁殖区。本书在沙漠蝗虫生境适宜性分析的基础上，实现了沙漠蝗虫繁殖区的定量提取。

依据沙漠蝗虫的生理学、生态学特征和发育条件，对气候、植被、土壤等蝗虫发生的重要生境因子进行综合分析；结合自然环境与气候特征，选择气温（air temperature）和地表温度（land surface temperature，LST）（图 1.8）、降水量（precipitation）（图 1.9）、土壤湿度（soil moisture）（图 1.10）、植被绿度（greenness）（图 1.11）、归一化植被指数（NDVI）（图 1.12）共 5 类因子作为沙漠蝗虫生境遥感监测指标。图 1.8～图 1.12 展示了研究区 2018～2020 年气温和地表温度变化；2018 年 5 月热带气旋梅库努（Mekunu）、2018 年 10 月热带气旋鲁班（Luban），以及 2019 年 10～11 月印度洋偶极子带来的降水量变化和土壤湿度变化；以及随后植被发生的变化情况。基于该指标体系，并结合地理空间数据、FAO 沙漠蝗虫地面调查数据等，分析沙漠蝗虫的生境适宜性，构建和筛选高

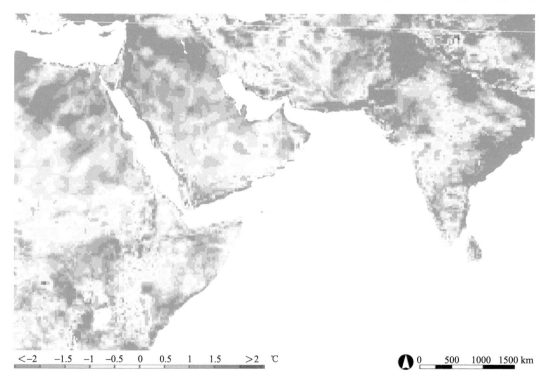

<--2   -1.5   -1   -0.5   0   0.5   1   1.5   >2 ℃   0   500   1000   1500 km

(a) 2018~2020年气温最大值与1979~2017年气温最大值的变化

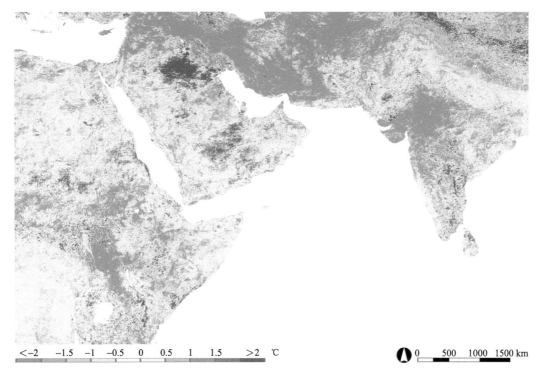

(b) 2019年地表温度均值与2000~2017年地表温度均值的变化

图1.8　2018~2020 年亚非区域气温和地表温度变化

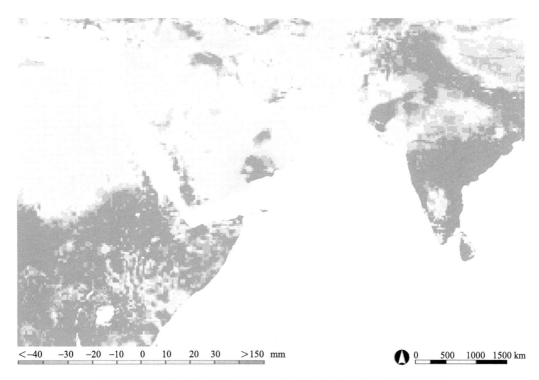

(a) 2018年5月(热带气旋梅库努)降水量最大值与1979~2017年5月降水量最大值的变化

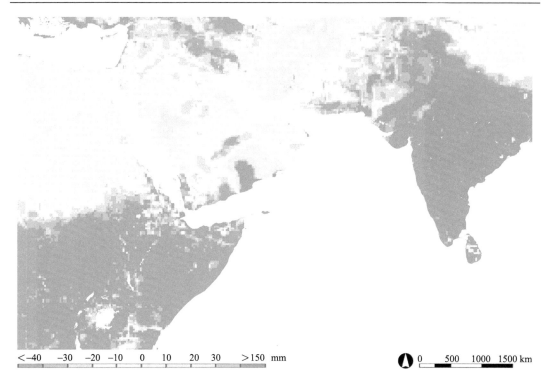

<-40 -30 -20 -10 0 10 20 30 >150 mm   0 500 1000 1500 km

(b) 2018年10月(热带气旋鲁班)降水量最大值与1979~2017年10月降水量最大值的变化

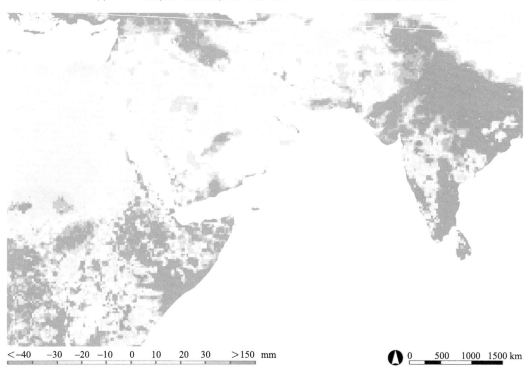

<-40 -30 -20 -10 0 10 20 30 >150 mm   0 500 1000 1500 km

(c) 2019年10月(印度洋偶极子)降水量最大值与1979~2017年10月降水量最大值的变化

图 1.9　2018~2020 年亚非区域降水量变化

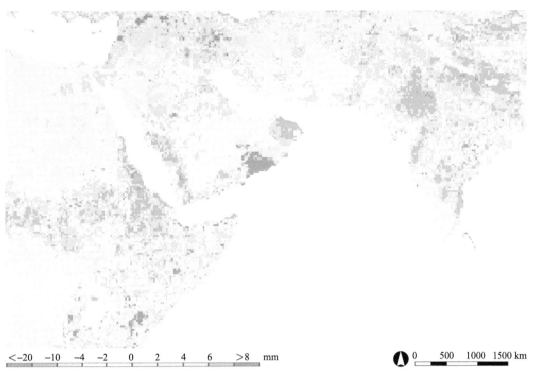

$<{-}20$ -10 -4 -2 0 2 4 6 >8 mm

(a) 2018年5月土壤湿度最大值与2010~2017年5月土壤湿度最大值的变化

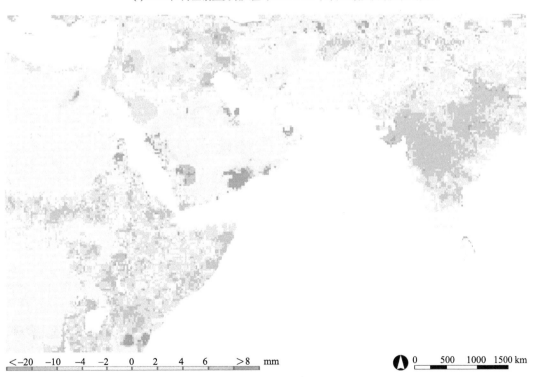

$<{-}20$ -10 -4 -2 0 2 4 6 >8 mm

(b) 2018年10月土壤湿度最大值与2010~2017年10月土壤湿度最大值的变化

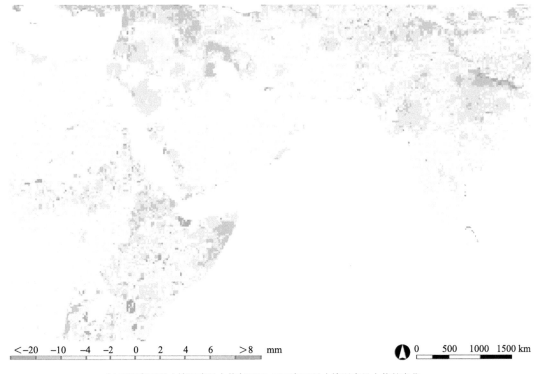

(c) 2019年10月土壤湿度最大值与2010~2017年10月土壤湿度最大值的变化

图 1.10 2018~2020 年亚非区域土壤湿度变化

(a) 2018年6月植被绿度月合成数据

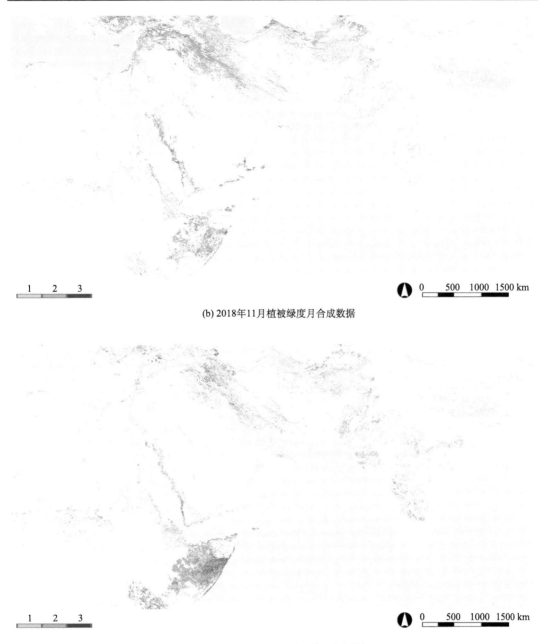

1　　　2　　　3

0　　500　　1000　1500 km

(b) 2018年11月植被绿度月合成数据

1　　2　　3

0　　500　　1000　1500 km

(c) 2019年11月植被绿度月合成数据

图 1.11　亚非区域植被绿度月合成数据

注：植被绿度月合成数据计算方法为：首先将原始植被绿度旬数据中的数值 1、2、3（表征每年刚开始变绿的植被，此类植被为沙漠蝗虫首选）置为 1，其他数值置为 0；然后各像素按月累加求和得到植被绿度月合成数据

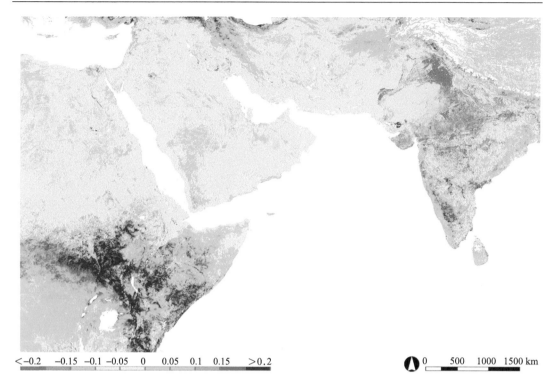

(a) 归一化植被指数NDVI距平(2018年6月与2010~2017年6月平均相比)

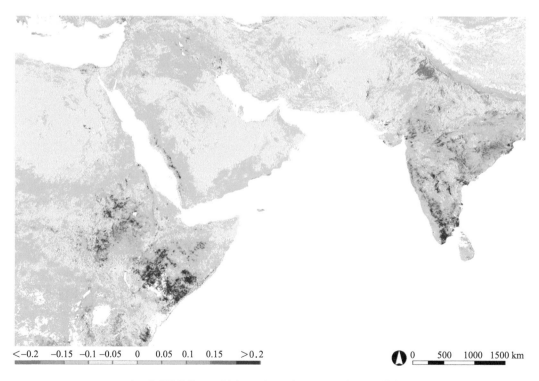

(b) 归一化植被指数NDVI距平(2018年11月与2010~2017年11月平均相比)

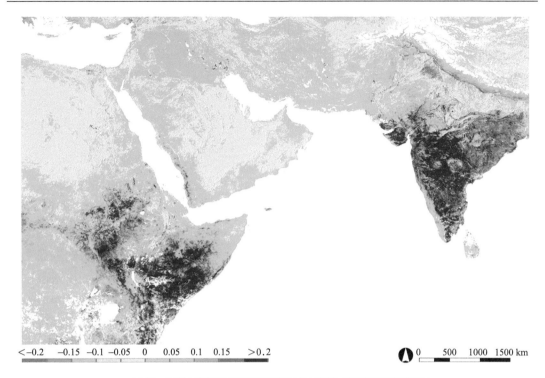

(c) 归一化植被指数NDVI距平(2019年11月与2010~2017年11月平均相比)

图 1.12　亚非区域归一化植被指数 NDVI 距平

精度的生境适宜性分析模型，进一步结合气象数值产品，计算和提取沙漠蝗虫繁殖区。在生境适宜性分析模型构建时，还需综合考虑沙漠蝗虫所处的生育期，通过分析各因子对沙漠蝗虫生境的影响权重来确定各因子的等级隶属度函数，并采用加权的方式构建生境适宜性指数，从而实现沙漠蝗虫生境适宜性分析。在地理信息系统空间分析、地统计学、时空数据融合等技术手段辅助下，结合全球土地利用/覆盖数据、地面观测数据等多源数据，实现大面积蝗虫不同季节繁殖区的定量提取。

2. 沙漠蝗虫迁飞路径分析

2018 年研究区部分地区降水量激增，使得植被及土壤条件更利于沙漠蝗虫繁殖，之后，蝗虫密度逐渐变大，蝗虫的不断聚集使其从散居型变为群居型，聚集的蝗虫形成蝗群，蝗群的大规模移动和迁飞导致大范围蝗灾暴发。本书对沙漠蝗虫的迁飞动态，包括迁飞时间、方向和区域进行了分析。首先，基于 FAO 沙漠蝗虫地面调查数据，按照蝗虫的不同类型，判断蝗虫行为特征，即判断蝗虫是否具有了飞行能力；然后，动态监测研究区地表温度情况，判断当前温度是否足够温暖以支持蝗虫的远距离飞行；其次，对蝗虫当前所处区域的植被及气候条件进行监测，判断其是否已不能满足蝗虫的繁殖及取食；

再次，结合气象条件如风向、风速等，判定当前风速是否适宜蝗虫迁飞；最后，依据 FAO 沙漠蝗虫地面调查数据所提供的蝗虫时空分布情况，结合蝗虫生境适宜区分布监测，确定蝗虫的迁飞时间、迁飞目的地，从而完成沙漠蝗虫迁飞动态的综合分析。

3. 沙漠蝗虫灾情监测

沙漠蝗虫灾情的暴发会对植被造成严重的危害从而导致粮食短缺引发饥荒。下面以位于东非的埃塞俄比亚和位于南亚的巴基斯坦为例，介绍本书沙漠蝗虫灾情监测方法。首先依据土地利用/覆盖数据，提取研究区的主要植被类型（如农田、草地、灌丛）；然后结合作物种植日历（图 1.13～图 1.14）综合分析 2000～2020 年埃塞俄比亚和巴基斯坦的农田、草地、灌丛的植被生长曲线（图 1.15～图 1.16）。通过分析发现，这些重点受灾国家的植被生长曲线大致可分为两类，即具有稳定周期性的生长曲线（例如埃塞俄比亚和巴基斯坦的农田）和不具有稳定周期性的生长曲线（例如埃塞俄比亚的灌丛和草地，以及巴基斯坦的草地）。针对生长曲线具有稳定周期性的植被，本书通过分析灾后植被指数与过去多年平均的变化，实现受灾区监测；针对生长曲线不具备周期性的植被，本书通过模拟其同等气象条件、同等生长期的植被生长指数与灾后实际情况的对比，并结合气象条件的变化分析，实现沙漠蝗虫灾情的监测；最终综合分析提取研究区的蝗灾危害区域和面积，实现灾情时序监测。

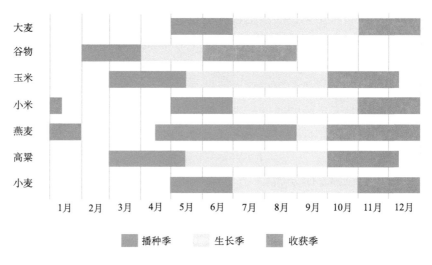

图 1.13　埃塞俄比亚作物种植日历

注：据 https://ipad.fas.usda.gov/rssiws/al/crop_calendar/eafrica.aspx

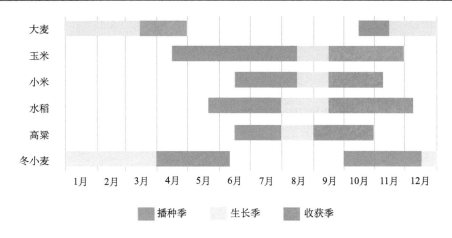

图 1.14　巴基斯坦作物种植日历

注：据 https://ipad.fas.usda.gov/rssiws/al/crop_calendar/sasia.aspx

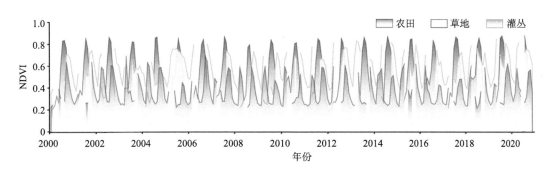

图 1.15　埃塞俄比亚 2000～2020 年植被 NDVI 曲线

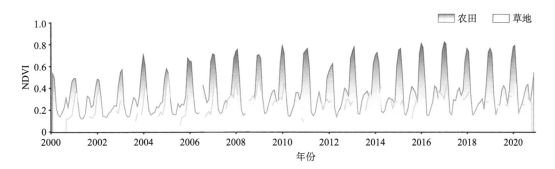

图 1.16　巴基斯坦 2000～2020 年植被 NDVI 曲线

第 2 章　亚非沙漠蝗虫繁殖与迁飞概览

本书对肆虐东非、西亚和南亚各国的沙漠蝗虫灾害暴发始末进行研究,在繁殖区时空分布、蝗虫迁飞路径及其危害监测方面取得了相关成果。本章将对 2018～2020 年沙漠蝗虫的繁殖与迁飞情况进行概述,并对此次灾害波及国家及各国联合防控情况进行介绍。

2.1　2018～2019 年沙漠蝗虫繁殖与迁飞概况

2018 年 5 月和 10 月,形成于北印度洋阿拉伯海的两个热带气旋梅库努和鲁班分别在阿拉伯半岛南部的也门和阿曼沿海登陆,给阿拉伯半岛及红海沿岸的沙漠地区带去了异于往年的充足降水,形成了暂时性的沙漠湖泊,造成了沙漠蝗虫产卵、孵化和发育的暖湿、多沙的理想土壤条件(Salih et al., 2020),使得当地沙漠蝗虫出现孵化率激增现象。两次特强气旋风暴的登陆为阿拉伯半岛空旷的干旱半干旱区的沙漠蝗虫提供了自 6 月以来长达 9 个月的有利繁殖孳生条件,使其发生了 3 代繁殖,并未被发现和控制。多代繁殖的蝗虫数量呈指数式增长,第一代沙漠蝗虫在适当的条件下孵化出新一代蝗虫,耗时约 3 个月,其数量是上一代的 20 倍,6 个月后蝗虫数量约增加 400 倍,而 9 个月后约增加 8000 倍(FAO, 2020b)。

2019 年 1 月,也门和阿曼的第一批蝗群向沙特阿拉伯东部入侵,并抵达了正在降水的伊朗南部地区。2～6 月,阿拉伯半岛及伊朗南部的蝗虫进行春季繁殖,然而控制行动未能成功遏制蝗虫进一步聚集,使得蝗群数量持续增多且范围不断扩大,蝗虫广泛地分布于也门、苏丹、沙特阿拉伯和伊朗等生境条件对沙漠蝗虫繁殖较适宜的国家。6～10 月部分蝗群从伊朗入侵印巴边界,持续时间较往年异常长的夏季风导致印巴边界夏季繁殖区的蝗虫不断孵化、成群,数量激增;另一部分则跨过红海与亚丁湾,成功到达非洲之角,包括索马里、埃塞俄比亚和苏丹中部,在当地进行夏季繁殖并形成更大规模蝗群。10～12 月印巴边界的蝗群开始进行 3 代繁殖并随季节变化向伊朗南部和阿曼北部等春季繁殖区迁移;与此同时,受印度洋偶极子影响,临近东非海岸的印度洋西部气温较高,东非地区经历了罕见的暴雨和大范围的山洪暴发,成为该地区近 30 年来第三个最潮湿的季节,降水同时促进了绿色植被的生长发育,为沙漠蝗虫的孳生提供了充足的食物和适宜的气象条件;此外,适逢热带气旋帕万(Pawan)于 2019 年 12 月在索马里沿海登陆,

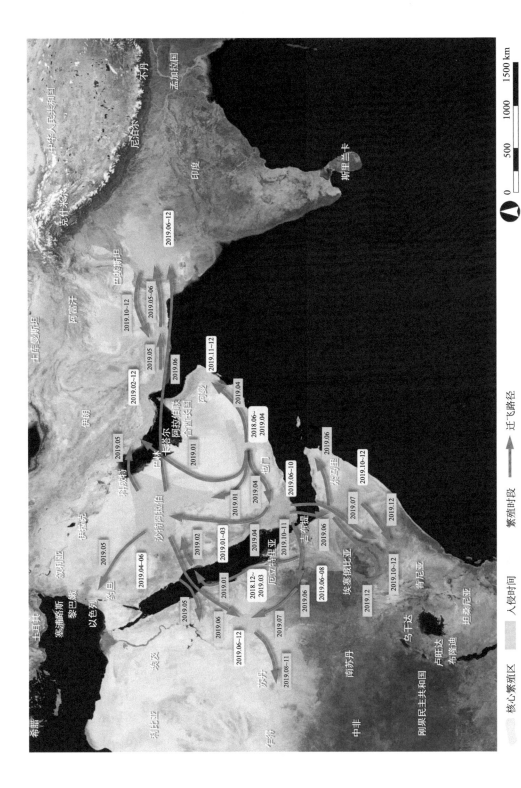

图 2.1 2018～2019 年沙漠蝗虫主要繁殖区和迁飞路径图

皆使得非洲之角处于长时间的异常暖湿气象条件中，导致沙漠蝗虫再次迎来繁殖高潮。因此，外部入侵的蝗群和异常气象条件的协同作用，共同造成了非洲之角的蝗群数量持续增长并向吉布提、索马里南部及肯尼亚东北部迁移。2019年底，东非、西亚和南亚沙漠蝗虫核心繁殖区主要分布在红海沿岸（苏丹和厄立特里亚东部、沙特阿拉伯和也门西部）、印巴边界、苏丹中部和埃塞俄比亚东部，此外，阿曼东部、伊朗东南部和沙特阿拉伯中部也有分布。2018~2019年沙漠蝗虫繁殖区与迁飞概况如图2.1所示。

2.2　2020年沙漠蝗虫繁殖与迁飞概况

2020年初沙漠蝗虫在埃塞俄比亚和肯尼亚大规模暴发。1月，蝗群向埃塞俄比亚南部和中部裂谷带以及肯尼亚东北部入侵，两国交界处成为沙漠蝗虫主要繁殖区之一；随后蝗群继续向肯尼亚南部和西北部扩散，并在当地产卵、孵化；同时，印巴边界蝗群在当地进行多代繁殖，部分向北部迁飞，另一部分则跨过阿曼湾向阿曼东北部侵袭，而阿曼东北部蝗群亦向南迁飞至也门南部和索马里北部等地。2月，肯尼亚的大部分蝗群继续在当地孳生，少数向西北入侵南苏丹和乌干达东北部，另一部分则向南入侵坦桑尼亚东北部，随后向西经乌干达北部到达刚果东北部；沙特阿拉伯和也门西部的蝗群向东北部迁飞经沙特阿拉伯中部到达巴林、卡塔尔和科威特，并于2月底到达伊拉克东南部；巴基斯坦北部蝗群部分向南迁飞到西南部，部分跨越边界到达阿富汗境内。

3月上旬，科威特的蝗群继续向伊拉克东南部扩散，而沙特阿拉伯东部沿海的蝗群扩散到阿拉伯联合酋长国西海岸；同时，埃塞俄比亚南部蝗群开始向北部迁飞，3月中旬，埃及东南部红海沿岸发现晚龄期不成熟蝗群；3月下旬，吉布提东海岸出现不成熟蝗群。4月，东非地区出现大量降水，沙漠蝗虫持续进行春季繁殖并不断成熟成群，埃塞俄比亚和索马里的蝗群不断北移，阿拉伯半岛北部的蝗群扩散到伊拉克中部，伊巴边界蝗虫种群密度不断变大。5月上旬，阿曼西北部与阿拉伯联合酋长国交界处的蝗虫不断孵化繁殖，并跨过国界扩散至阿拉伯联合酋长国东部和北部；蝗卵不断孵化繁殖；5月中旬，蝗群开始从肯尼亚、埃塞俄比亚及巴基斯坦西部等春季繁殖区向苏丹中部、沙特阿拉伯西南部和印巴边界等夏季繁殖区迁飞；5月下旬，蝗群由印巴边界向东迁飞至印度北部。6月，第二代蝗群出现在肯尼亚西北部、埃塞俄比亚、索马里和也门，伊朗南部春季繁殖后的蝗群继续向印度的拉贾斯坦邦及北部各邦迁徙；上旬，沙特阿拉伯东部和北部的蝗群向西南迁飞至也门南部和苏丹中部等夏季繁殖区，阿曼东部的蝗群继续向也门东部迁飞；中旬，肯尼亚、埃塞俄比亚和索马里等春季繁殖区的蝗虫向西或西北迁飞至苏丹中部，向东北迁飞至印巴边界等地进行夏季繁殖，同时，伊朗南部的蝗虫向东迁飞至巴基斯坦西部，印度北部的蝗虫持续繁殖并继续向东扩散；下旬，印度境内及印巴边界的蝗群继续向东北方向进行短距离迁飞，并于6月27日到达尼泊尔境内。

图 2.2　2020 年沙漠蝗虫主要繁殖区和迁飞路径图

　　7 月，肯尼亚西北部蝗群继续向北迁飞至苏丹东部和中部，以及埃塞俄比亚；也门西南部蝗群向西跨过红海入侵埃塞俄比亚东北部；部分入侵厄立特里亚并沿红海沿岸蔓延，向北入侵沙特阿拉伯；同时埃塞俄比亚的蝗群向东南迁飞入侵索马里北部，索马里东北部和也门南部的部分蝗群跨过阿拉伯海到达印巴边界的夏季繁殖区，加之印巴边界本地蝗虫，继续进行繁殖；7 月 12 日，印度北部少量蝗群到达尼泊尔的中部平原。8 月，位于肯尼亚、埃塞俄比亚和也门春季繁殖区的蝗群持续向苏丹中部和印巴边界的夏季繁殖区迁飞。多国大规模控制行动大大减少了蝗虫的侵扰，灾情趋于稳定。9 月，红海沿岸苏丹东部、厄立特里亚、也门西部和沙特阿拉伯西岸地区的蝗虫不断聚集，索马里东部的蝗虫不断繁殖；随着印度和巴基斯坦两国密集的地面调查和控制行动，西亚和南亚国家的蝗情逐渐缓和并改善。10 月，埃塞俄比亚北部和也门西部的蝗虫沿红海沿岸向北扩散，而也门、埃塞俄比亚和索马里北部的蝗虫在本地繁殖的同时开始向南迁移；肯尼亚因地面控制行动蝗虫种群数量不断减少。11 月，埃塞俄比亚东部和索马里中部的不成熟蝗虫不断繁殖、聚集，并于上旬到达肯尼亚东北部，红海沿岸及也门境内的蝗虫也在持续繁殖中；中下旬，热带气旋加蒂（Gati）给索马里北部带来了大量降水，埃塞俄比亚东部和索马里中部的蝗群继续向肯尼亚迁飞并持续向南迁飞至坦桑尼亚东北部，而也门中部、吉布提的蝗群不断向北迁飞至沙特阿拉伯西部及中部的冬季繁殖区。12 月，因气旋带来的降水使各地的蝗虫不断繁殖，更多的蝗群向南迁飞至肯尼亚境内。

　　2020 年，沙漠蝗虫主要分布在非洲之角的冬/春繁殖区、红海沿岸的冬季繁殖区、伊朗南部的春季繁殖区，以及苏丹中部和印巴边界的夏季繁殖区，同时，阿拉伯海沿岸的阿曼、伊朗、科威特、卡塔尔等国家也有分布。沙漠蝗虫随温度变化、植被状况变化及不同季节的风向等进行迁飞与繁殖，2020 年亚非地区沙漠蝗虫主要迁飞路径如图 2.2 所示。

2.3　虫害防控概况

　　自 2018 年底～2020 年 8 月，沙漠蝗虫已入侵非洲、西亚和南亚 35 个国家，包括：非洲西部的摩洛哥、阿尔及利亚、突尼斯、毛里塔尼亚、塞内加尔、马里、尼日尔、乍得、利比亚；非洲东部的埃及、苏丹、厄立特里亚、南苏丹、吉布提、埃塞俄比亚、索马里、肯尼亚、乌干达、刚果和坦桑尼亚；西亚和南亚的土耳其、叙利亚、伊拉克、约旦、科威特、沙特阿拉伯、阿曼、也门、卡塔尔、阿拉伯联合酋长国、伊朗、阿富汗、巴基斯坦、印度和尼泊尔。

　　各国均受到沙漠蝗虫不同程度的影响，其中东非的索马里、埃塞俄比亚、肯尼亚，阿拉伯半岛的也门，红海沿岸的苏丹、南苏丹、厄立特里亚、吉布提，以及坦桑尼亚和乌干达，受灾最为严重。根据全球粮食危机报告，2020 年上述 10 个主要受灾国家超过

420 万人的粮食安全遭遇严重威胁（FSIN and Global Network Against Food Crises，2020）。FAO 联合多国开展防控举措，并取得了初步成效。2020 年 1～8 月，在上述 10 国境内合计超过 76 万 hm² 土地上实施了防控措施，包括同时受干旱影响的埃塞俄比亚、肯尼亚和索马里 3 国的 65.7 万 hm² 土地（FAO，2020d）；截至 12 月，共计消灭上述 10 国境内约 5150 亿只沙漠蝗虫，170 万 hm² 农田被列为目标防控土地，1.849 亿美元的资金被用于沙漠蝗虫灾害的快速响应和防治行动，11.6 万家庭受到了 FAO 的生计援助与保障（FAO，2020d）。上述行动挽救了该地区约 152 万 t 粮食，价值约 4.56 亿美元，足以供养988 万人生活一年。此外，对干旱半干旱土地的控制使近 68.5 万的农牧民能够重回放牧区（FAO，2020d）。

　　2019～2020 年各国应对沙漠蝗虫灾害的联合防控面积见表 2.1 和表 2.2。从表中可以看出，2020 年实施沙漠蝗虫防控措施的土地总面积约 248 万 hm²，较 2019 年的 186 万 hm²高出 62 万 hm²。2020 年治理面积的升高，一方面是因为沙漠蝗虫的危害范围更广、危害程度更大，另一方面是由于 FAO 及各国政府、相关部门陆续加大针对沙漠蝗虫的联防联控力度，投入了更多的人力、物力和财力。其中，伊朗、埃塞俄比亚、印度、巴基斯坦、沙特阿拉伯、苏丹、肯尼亚、厄立特里亚、索马里、也门在此次沙漠蝗灾中的治理面积位居前十。一方面，较大的治理面积在一定程度上反映了这些国家的受沙漠蝗虫的侵袭与危害更为严重；另一方面，也体现了部分国家在 FAO 及多国政府的联合防控下，防控措施实施较为及时。

　　2020 年 12 月，由于 FAO、各国农业部门等联合防控措施的实施，以及气象条件的变化，印巴边界夏季繁殖区的沙漠蝗情得到控制，但埃塞俄比亚、肯尼亚和索马里及红海沿岸冬季繁殖区沙漠蝗情局势依然紧张；同时，部分蝗虫正随季节性降水逐步入侵非洲西北部的马里、毛里塔尼亚等国，仍需多国进行大范围、持续性的监测和预警。本书在 2018～2020 年东非、西亚和南亚沙漠蝗虫主要危害国家中选择了东非的索马里、埃塞俄比亚、肯尼亚，以及西亚和南亚的也门、巴基斯坦、印度、尼泊尔共 7 个受灾较为严重的国家进行系统分析与研究。第三章和第四章将分别对 7 个国家的沙漠蝗虫迁飞情况和受灾情况进行分析研究，包括沙漠蝗虫主要繁殖区分布与迁飞路径，以及沙漠蝗虫对植被的危害情况监测等。

表 2.1 2019年各国为应对沙漠蝗虫灾害的联合防控面积统计表

（单位：万 hm²）

国家	1月	2月	3月	4月	5月	6月	7月	8月	9月	10月	11月	12月	面积小计
伊朗	—	0.4952	0.2960	8.6570	34.6180	24.7270	3.1307	—	—	—	0.1511	0.2372	72.3122
埃塞俄比亚	—	—	—	—	—	—	—	0.0011	0.4636	0.4064	1.0822	0.8410	2.7943
印度	—	—	—	—	0.1560	0.3991	3.6330	6.5089	8.4639	8.2944	3.4074	2.2113	33.0740
巴基斯坦	—	—	0.0345	0.0540	0.4135	0.8684	0.7666	1.6455	3.0930	0.1805	6.0970	7.1388	20.2918
沙特阿拉伯	1.2165	1.8468	4.5705	2.7812	7.4237	3.9270	0.1300	0.3900	0.4195	—	0.7770	4.3798	27.8620
苏丹	3.4028	3.8207	2.5950	—	0.0790	0.4935	0.118	0.0200	—	0.3025	2.7165	2.6846	16.2326
肯尼亚	—	—	—	—	—	—	—	—	—	—	—	—	—
厄立特里亚	0.6965	2.2219	0.7115	—	—	—	—	—	0.0053	—	0.6060	1.1078	5.3490
索马里	—	—	—	—	—	—	—	—	—	—	—	—	—
也门	—	—	—	—	—	0.0005	0.4605	0.0110	0.0245	0.0032	0.5760	0.0080	1.0837
阿曼	—	—	—	0.0012	—	—	0.0025	—	—	2.993	0.0116	0.1710	3.1793
埃及	0.1660	0.4022	0.4021	0.7470	0.3341	0.0604	0.0004	—	—	—	—	0.0030	2.1152
科威特	—	—	—	0.0050	1.5603	—	—	—	—	—	—	—	1.5653
乌干达	—	—	—	—	—	—	—	—	—	—	—	—	—
阿联酋	—	—	—	—	—	—	—	—	—	—	—	—	—
阿富汗	—	—	—	—	—	—	—	—	—	—	—	—	—
约旦	—	—	—	—	0.2900	—	—	—	—	—	—	—	0.2900
伊拉克	—	—	—	—	—	—	—	—	—	—	—	—	—
阿尔及利亚	—	—	—	—	0.0016	0.0399	0.0115	—	—	0.0015	0.0272	0.0025	0.0842
毛里塔尼亚	0.0100	—	—	0.0088	—	—	—	—	—	—	—	—	0.0188
南苏丹	—	—	—	—	—	—	—	—	—	—	—	0.0093	0.0281

续表

国家	1月	2月	3月	4月	5月	6月	7月	8月	9月	10月	11月	12月	面积小计
利比亚	—	—	—	—	—	—	—	0.0070	—	—	—	—	0.0070
马里	—	—	—	—	—	—	—	0.0040	—	—	—	—	0.0040
尼日尔	—	—	—	—	—	—	—	—	—	0.0029	—	—	0.0029
巴林	—	—	—	—	—	—	—	—	—	—	—	—	—
防控总面积	5.4918	8.7868	8.6096	12.2542	44.8762	30.5158	8.2532	8.5875	12.4698	12.1844	15.452	18.7943	186.2756

注：1. 数据来源 FAO（FAO，2020c）；
　　2. 表中"—"代表无数据或未进行防控

表 2.2　2020 年各国为应对沙漠蝗虫灾害的联合防控面积统计表

（单位：万 hm²）

国家	1月	2月	3月	4月	5月	6月	7月	8月	9月	10月	面积小计
伊朗	0.2041	0.2617	3.9676	9.8658	10.1138	6.7689	0.1450	—	—	0.0040	31.3309
埃塞俄比亚	2.2550	5.0350	5.1633	9.9948	5.7058	7.9574	4.4883	5.4703	5.7457	33.5453	85.3609
印度	6.1178	1.1420	—	0.1970	5.3604	7.2109	10.2645	4.9124	—	—	35.2050
巴基斯坦	6.2295	0.8299	2.7675	5.0289	7.6466	4.7198	3.3599	2.6381	0.3645	0.0220	33.6067
沙特阿拉伯	4.4311	2.2645	1.0390	2.9868	0.9015	0.5360	0.0440	0.1355	1.3745	2.1290	15.8419
苏丹	1.5000	0.5050	0.0870	—	—	—	0.0235	—	0.9900	5.2912	8.3967
肯尼亚	2.0000	1.5278	3.8378	1.6594	1.8737	3.8769	1.2080	0.5454	0.2100	0.0318	16.7708
厄立特里亚	1.5068	1.2153	0.5640	0.0600	1.0245	1.9029	—	0.1310	0.5013	1.0354	4.9538
索马里	—	0.1053	0.0159	—	—	—	1.5377	0.9157	1.7477	1.2974	8.6071
也门	1.8714	0.1475	0.3190	—	—	0.0343	1.0718	0.5909	0.5828	0.4609	5.0786

续表

国家	1月	2月	3月	4月	5月	6月	7月	8月	9月	10月	面积小计
阿曼	0.2128	0.2100	0.1657	0.4147	0.1385	0.0126	0.0443	0.0058	—	—	1.2044
埃及	0.1425	0.0154	0.0015	—	—	—	—	—	—	—	0.1594
科威特	—	—	0.0021	—	—	—	—	—	—	—	0.0021
乌干达	—	0.3467	0.0607	—	—	—	0.3080	—	—	—	0.7154
阿联酋	—	0.0045	0.0002	0.1320	0.4537	0.0198	—	—	—	—	0.6102
阿富汗	—	—	—	0.0020	—	0.2645	0.0304	—	—	—	0.2969
约旦	—	—	—	—	—	—	—	—	—	—	—
伊拉克	—	0.0069	0.1625	0.0815	0.0101	—	—	—	—	—	0.2610
阿尔及利亚	—	—	—	—	—	0.0086	—	—	—	—	0.0086
毛里塔尼亚	0.0032	—	—	—	—	—	—	—	—	—	0.0032
南苏丹	—	—	—	—	—	—	—	0.0250	—	—	0.0250
利比亚	—	—	—	—	—	—	—	—	—	—	—
马里	—	—	—	—	—	—	—	—	—	—	—
尼日尔	—	—	—	—	—	—	—	—	—	—	—
巴林	—	0.0003	—	—	—	—	—	—	—	—	0.0003
防控总面积	26.4742	13.6178	18.1538	30.4229	33.2286	33.3126	22.5254	15.3701	11.5165	43.8170	248.4389

注：1. 数据来源 FAO（FAO, 2020c）；
2. 表中"—"代表无数据或未进行防控

第3章 东非沙漠蝗虫灾情遥感监测

3.1 索马里沙漠蝗虫灾情遥感监测

索马里联邦共和国（Federal Republic of Somalia），通称索马里，位于非洲大陆最东部的索马里半岛，北临亚丁湾，东、南濒印度洋，西接肯尼亚和埃塞俄比亚，西北接吉布提。索马里行政区划包括 17 个州，即奥达勒州（Awdal）、西北州（North-West）、托格代尔州（Togdheer）、萨纳格州（Sanaag）、索勒州（Sool）、巴里州（Bari）、努加尔州（Nugaal）、穆杜格州（Mudug）、加勒古杜德州（Galguduud）、希兰州（Hiraan）、中谢贝利州（Shabeellaha Dhexe）、巴科勒州（Bakool）、拜州（Bay）、下谢贝利州（Shabeellaha Hoose）、盖多州（Gedo）、中朱巴州（Jubbada Dhexe）和下朱巴州（Jubbada Hoose）。

在地势上，索马里东部沿海为平原，沿岸多沙丘；北部多山，其中苏拉德山海拔 2400m，为索马里全国最高峰，亚丁湾沿岸低地为吉班平原；中部为索马里高原，海拔 500～1000m，自北向南和东南递降；西南部为草原、半沙漠和沙漠（邹文雪，2019）。索马里境内主要河流为南部的谢贝利河和朱巴河，其他河流均属间歇河。在气候上，索马里大部分地区属亚热带和热带沙漠气候，西南部属热带草原气候，终年高温，干燥少雨，年平均气温可达 28～30℃，年降水量自南向北从 500～600mm 降至 100mm 以下（中华人民共和国外交部，2020a）。

索马里的经济以畜牧业为主，产值约占国内生产总值的 40%（中华人民共和国外交部，2020a），农业人口约占总人口的 30%（FAO，2014）。全国可耕地面积 820 万 hm²，约占国土总面积的 13%，其中已耕地面积 100 余万公顷（中华人民共和国外交部，2020a）。耕地多分布在南部朱巴河和谢贝利河流域（FAO，2014）。粮食作物主要有高粱、玉米、小麦、木薯和水稻，但不能自给；经济作物主要有棉花、甘蔗、香蕉、椰子、芝麻、杧果、没药、乳香等，主要用于出口（中华人民共和国外交部，2020a）。索马里北部与埃塞俄比亚东部交界处为沙漠蝗虫的典型繁殖区，受厄尔尼诺影响，2019 年是东非地区最潮湿的年份之一，为沙漠蝗虫繁殖提供了较为适宜的生境条件。

3.1.1 索马里沙漠蝗虫迁飞概况

2018 年 5 月，在亚丁湾形成的热带气旋萨加尔（Sagar）给索马里北部地区带来大量降水，绿色植被不断增加，为沙漠蝗虫孳生提供了适宜条件。9 月，索马里西北部沿海的柏培拉（Berbera）有小规模的沙漠蝗虫开始本地繁殖。

2019 年 6～7 月，也门的成熟蝗群跨越亚丁湾向南迁飞至索马里北部，东北部的博萨索（Boosaaso）和西北部的柏培拉沿岸均有成熟的蝗群出现。8～9 月，西北部博拉马（Boorama）和布拉奥（Burao）之间的高原上出现蝗群，柏培拉以东海岸有大量成虫，东北部哈达富迪莫（Hadaaftimo）和伊斯库舒班（Iskushuban）之间的高原上蝗群持续繁殖，同时索马里西北岸的部分蝗群迁飞至埃塞俄比亚东部。

2019 年 10 月，埃塞俄比亚的蝗群向东南迁飞至索马里与埃塞俄比亚交界处的布霍德莱（Bohotley）和索马里北部的拉斯阿诺德（Laascaanood）等地。11 月，埃塞俄比亚东部的蝗群不断繁殖并扩散到索马里中部的加勒卡约（Gaalkacyo）。12 月初，蝗群扩散到杜萨马雷卜（Dhuusa Mareeb）和贝莱德文（Beled Weyne）；12 月底，埃塞俄比亚东部和索马里中部的蝗群向南经胡杜尔（Xuddur）迁飞至加尔巴哈雷（Garbahaarey）。

2020 年 1 月，索马里中部和南部的蝗群继续向南移动，到达索马里南部与肯尼亚东北部交界处的中朱巴州，其不断向肯尼亚东北部移动并开始产卵。2 月，索马里中部的贝莱德文和加勒卡约地区的蝗虫持续繁殖，东北部加罗韦（Garoowe）地区发现即将成熟的蝗群。3 月，丰富的降水为索马里境内的沙漠蝗虫繁殖提供了适宜条件，北部、中部和南部的沙漠蝗虫继续进行春季繁殖并产卵。4 月，索马里境内的蝗虫产卵、孵化，蝗虫数量不断增加、成群，危害范围持续扩大，北部的萨纳格州亦出现蝗群；同时，索马里蝗群向埃塞俄比亚东北部、吉布提及也门南部海岸等夏季繁殖区迁飞。

2020 年 5～6 月，索马里境内的沙漠蝗虫不断孵化，埃塞俄比亚东部和南部，以及也门南部的蝗群向索马里北部和中部迁飞。随着蝗虫不断成熟产卵，在 6 月下旬～7 月，索马里中部春季繁殖区的蝗虫持续繁殖，形成新的蝗群，并随西南季风向印巴边界迁移。8 月，也门西南部的沙漠蝗虫跨过亚丁湾向索马里西北部迁飞，埃塞俄比亚东部的蝗群向索马里中部扩散；同时，索马里的蝗虫继续沿西南季风向印巴边界等夏季繁殖区迁飞。9 月，索马里北部的地面和空中联合控制行动作用明显，加之蝗虫不断向夏季繁殖区迁飞，该地区蝗群数量不断减少。

2020 年 10 月上旬，也门的蝗群不断跨过亚丁湾向索马里北部迁飞，索马里蝗群主要位于西北部，以及东北部的加罗韦地区；中下旬，东北部蝗群不断繁殖，北部蝗群随风逐渐向中部扩散并产卵，索马里中部的蝗群数量持续增多。11 月上中旬，索马里中部蝗虫不断孵化，蝗虫数量继续增加，部分蝗群向南迁飞至肯尼亚东北部及南部；中下旬，伴随热带气旋加蒂带来的大量降水，索马里东北部加罗韦地区的蝗虫继续繁殖并成熟，导致蝗群数量进一步增加，加之北风影响，索马里中部蝗群继续向索马里南部及肯尼亚东部扩散；同期，埃塞俄比亚东部的蝗群亦不断向东迁飞至索马里东北部。12 月，索马里中部蝗群持续繁殖，北部蝗群开始向西北和东北沿海区域扩散。

　　截至 2020 年 6 月，沙漠蝗虫已扩散危害索马里大部分地区，其后多为本地繁殖或境内迁飞，未大范围入侵新的区域。因此，本书对索马里 2019 年 6 月～2020 年 6 月期间的蝗虫主要繁殖区和迁飞路径进行分析，繁殖区分布及迁飞路径如图 3.1 所示。

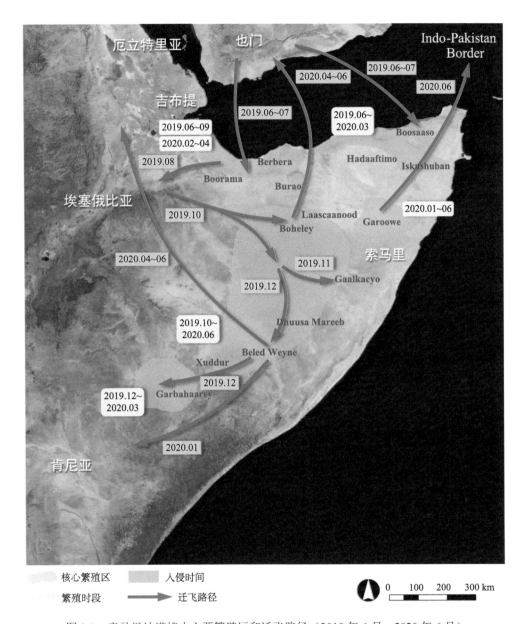

图 3.1　索马里沙漠蝗虫主要繁殖区和迁飞路径（2019 年 6 月～2020 年 6 月）

注：Indo-Pakistan Border：印巴边界；Boorama：博拉马；Berbera：柏培拉；Burao：布拉奥；Boosaaso：博萨索；Hadaaftimo：哈达富迪莫；Iskushuban：伊斯库舒班；Laascaanood：拉斯阿诺德；Boheley：布霍德莱；Garoowe：加罗韦；Gaalkacyo：加勒卡约；Dhuusa Mareeb：杜萨马雷卜；Beled Weyne：贝莱德文；Xuddur：胡杜尔；Garbahaarey：加尔巴哈雷

3.1.2　索马里沙漠蝗虫灾情监测

本书分析了索马里沙漠蝗虫入侵路径、迁飞扩散时间、空间分布等，并对索马里沙漠蝗虫灾情进行时序遥感监测，具体监测结果如下。

2019 年 6～9 月，沙漠蝗虫由也门入侵至索马里北部，并进行本地繁殖，部分蝗群向西北迁飞至埃塞俄比亚东部，合计危害植被面积 50.60 万 hm²，其中农田 0.55 万 hm²，草地 4.01 万 hm²，灌丛 46.04 万 hm²，分别占全国农田、草地和灌丛总面积的 5.7%、1.0% 和 1.0%，主要受灾区域位于索马里北部，其中西北州受灾面积最大，为 17.42 万 hm²；萨纳格州次之，为 13.49 万 hm²；巴里州危害面积居第三位，为 9.04 万 hm²；位于西北部的奥达勒州和托格代尔州受害面积分别为 8.15 万和 2.50 万 hm²。2019 年 6～9 月索马里沙漠蝗虫灾情逐月遥感监测结果见图 3.2～图 3.5。

2019 年 10～12 月，埃塞俄比亚蝗虫向索马里北部和中部迁飞，同时索马里境内蝗虫向南部扩散。监测结果表明，10～12 月沙漠蝗虫合计危害植被面积 97.97 万 hm²，其中农田 0.21 万 hm²，草地 19.00 万 hm²，灌丛 78.76 万 hm²，分别占全国农田、草地和灌丛总面积的 2.2%、4.9% 和 1.8%。主要受灾区域及面积如下：托格代尔州西南部受灾 26.43 万 hm²，盖多州北部受灾 23.94 万 hm²，西北州南部受灾 15.14 万 hm²，巴科勒州西部受灾 10.38 万 hm²，索勒州西部受灾 6.10 万 hm²，加勒古杜德州北部受灾 4.74 万 hm²，希兰州北部受灾 4.54 万 hm²，中谢贝利州、穆杜格州、奥达勒州、萨纳格州和拜州分别受灾 2.60 万、2.10 万、1.70 万、0.21 万和 0.09 万 hm²。2019 年 10～12 月索马里沙漠蝗虫灾情逐月遥感监测结果见图 3.6～图 3.8。

2020 年 1～3 月，索马里东北部出现成熟蝗群，本地蝗虫持续进行繁殖，同时中部和南部蝗虫向南迁飞至肯尼亚东北部。监测结果表明，1～3 月沙漠蝗虫合计危害植被面积 102.87 万 hm²，其中农田 0.12 万 hm²，草地 20.37 万 hm²，灌丛 82.38 万 hm²，分别占全国农田、草地和灌丛总面积的 1.2%、5.2% 和 1.8%。其中，盖多州受灾面积最大，为 32.56 万 hm²，穆杜格州、巴科勒州、拜州次之，受灾面积分别为 19.38 万、12.62 万、12.12 万 hm²；再次为加勒古杜德州、索勒州、希兰州、托格代尔州，受灾面积分别为 8.04 万、7.64 万、5.85 万、3.11 万 hm²，中朱巴州、努加尔州、下朱巴州受灾分别为 1.19 万、0.34 万、0.02 万 hm²。2020 年 1～3 月索马里沙漠蝗虫灾情逐月遥感监测结果见图 3.9～图 3.11。

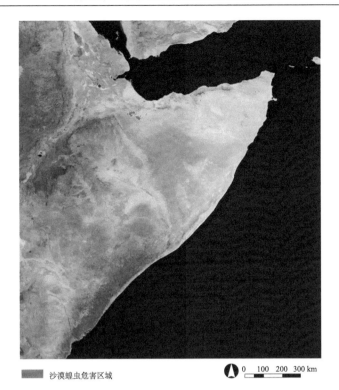

沙漠蝗虫危害区域　　　　　　0　100　200　300 km

图 3.2　2019 年 6 月索马里沙漠蝗虫灾情遥感监测图

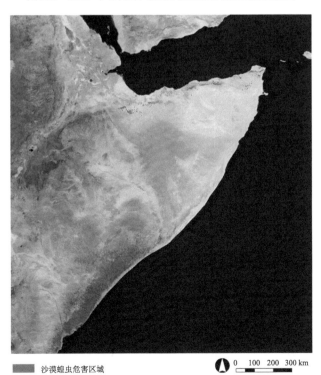

沙漠蝗虫危害区域　　　　　　0　100　200　300 km

图 3.3　2019 年 7 月索马里沙漠蝗虫灾情遥感监测图

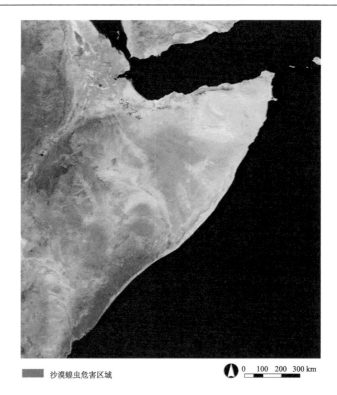

　　　沙漠蝗虫危害区域　　　　　　　　0　100　200　300 km

图 3.4　2019 年 8 月索马里沙漠蝗虫灾情遥感监测图

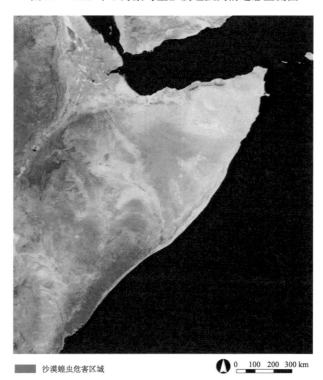

　　　沙漠蝗虫危害区域　　　　　　　　0　100　200　300 km

图 3.5　2019 年 9 月索马里沙漠蝗虫灾情遥感监测图

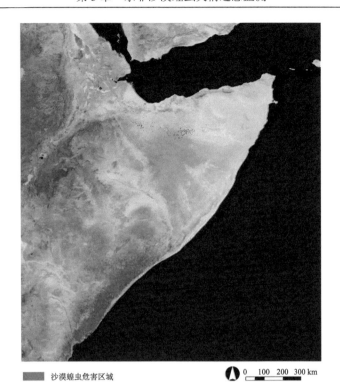

■ 沙漠蝗虫危害区域　　　　　◆ 0　100　200　300 km

图 3.6　2019 年 10 月索马里沙漠蝗虫灾情遥感监测图

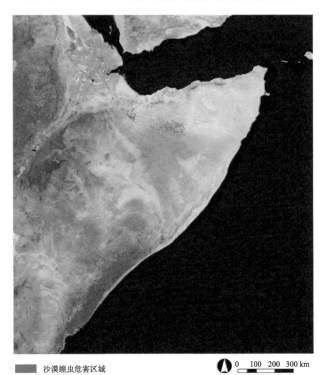

■ 沙漠蝗虫危害区域　　　　　◆ 0　100　200　300 km

图 3.7　2019 年 11 月索马里沙漠蝗虫灾情遥感监测图

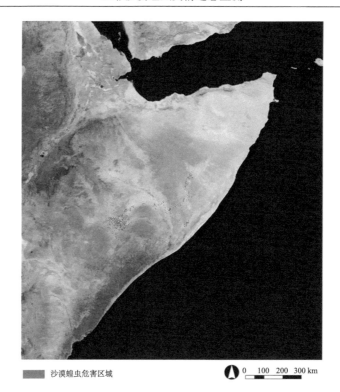

沙漠蝗虫危害区域　　　　　0 100 200 300 km

图 3.8　2019 年 12 月索马里沙漠蝗虫灾情遥感监测图

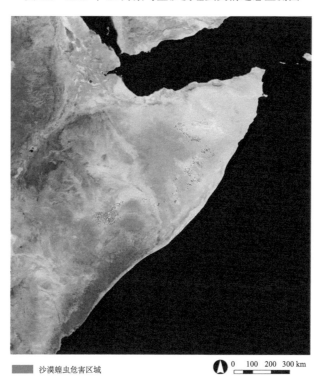

沙漠蝗虫危害区域　　　　　0 100 200 300 km

图 3.9　2020 年 1 月索马里沙漠蝗虫灾情遥感监测图

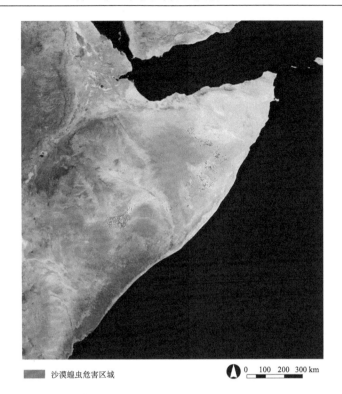

　　　沙漠蝗虫危害区域　　　　　　　　0　100　200　300 km

图 3.10　2020 年 2 月索马里沙漠蝗虫灾情遥感监测图

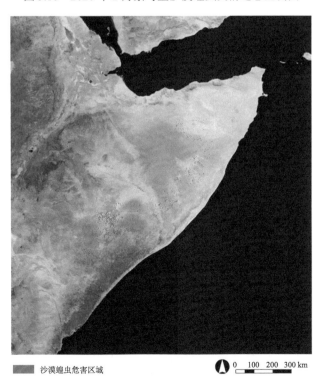

　　　沙漠蝗虫危害区域　　　　　　　　0　100　200　300 km

图 3.11　2020 年 3 月索马里沙漠蝗虫灾情遥感监测图

2020 年 4 月，索马里境内沙漠蝗虫主要分布于西北部及中部与埃塞俄比亚交界处。监测结果表明，4 月沙漠蝗虫危害植被面积 59.62 万 hm²，其中农田 0.11 万 hm²，草地 19.02 万 hm²，灌丛 40.49 万 hm²，分别占全国农田、草地和灌丛总面积的 1.1%、4.9% 和 0.9%。主要受灾区域及面积如下：盖多州北部受灾面积 14.40 万 hm²、下朱巴州西部受灾面积 13.40 万 hm²、巴科勒州西部受灾面积 9.53 万 hm²、拜州北部受灾面积 8.51 万 hm²、西北州南部受灾面积 5.41 万 hm²、穆杜格州西南部受灾面积 2.91 万 hm²、托格代尔州西部和东部受灾面积 1.73 万 hm²、索勒州南部受灾面积 1.25 万 hm²，而奥达勒州、加勒古杜德州、希兰州、努加尔州、中朱巴州和萨纳格州受灾面积分别为 0.86 万、0.83 万、0.56 万、0.15 万、0.06 万和 0.02 万 hm²。2020 年 4 月索马里沙漠蝗虫灾情遥感监测结果见图 3.12。

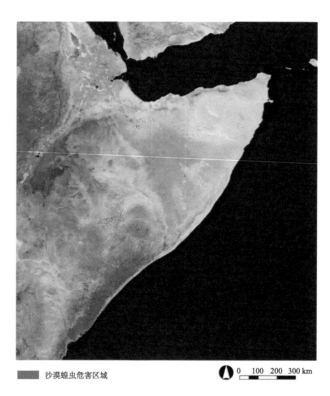

沙漠蝗虫危害区域　　　　0 100 200 300 km

图 3.12　2020 年 4 月索马里沙漠蝗虫灾情遥感监测图

2020 年 6 月，埃塞俄比亚东部和南部，以及也门南部的蝗群向索马里北部和中部迁飞，蝗群数量进一步增加。监测结果表明，6 月沙漠蝗虫危害植被面积 77.76 万 hm²，其中农田 0.07 万 hm²，草地 10.07 万 hm²，灌丛 67.62 万 hm²，分别占全国农田、草地和灌丛总面积的 0.7%、2.6% 和 1.5%。主要受灾区域及面积如下：穆杜格州西部受灾面积 21.81 万 hm²，托格代尔州东南部受灾面积 14.35 万 hm²，西北州南部受灾面积 13.99 万 hm²，索勒州南部受灾面积 11.33 万 hm^2，奥达勒州南部受灾面积 7.93 万 hm^2，加勒古杜德州中部受灾面积 4.54 万 hm^2，巴里州、努加尔州、萨纳格州和希兰州受灾面积合计 3.81 万 hm^2。2020 年 6 月索马里沙漠蝗虫灾情遥感监测结果见图 3.13。

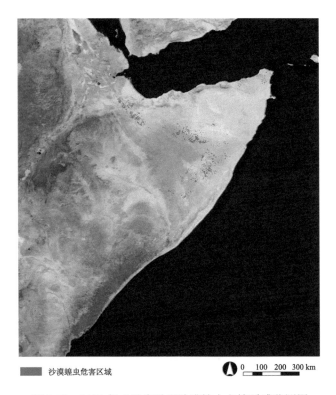

沙漠蝗虫危害区域　　　　0　100　200　300 km

图 3.13　2020 年 6 月索马里沙漠蝗虫灾情遥感监测图

　　2020 年 7～9 月，除本地蝗群持续繁殖外，受西南季风影响，索马里的部分蝗群向印巴边界迁飞，同时也门西南部蝗群向索马里西北部迁飞，埃塞俄比亚东部蝗群向索马里中部迁飞。监测结果表明，7～9 月沙漠蝗虫合计危害植被面积 126.33 万 hm^2，其中农田 0.17 万 hm^2，草地 14.27 万 hm^2，灌丛 111.89 万 hm^2，分别占全国农田、草地和灌丛总面积的 1.7%、3.7% 和 2.5%。主要受灾区域位于索马里中部和西北部，其中加勒古杜德州受灾面积最大，为 36.30 万 hm^2；其次为穆杜格州、西北州，受灾面积分别为 34.89 万、27.74 万 hm^2；再次为萨纳格州、奥达勒州、巴里州，受灾面积分别为 11.45 万、6.84 万、2.04 万 hm^2，努加尔州、托格代尔州、希兰州和索勒州受灾面积分别为 1.82 万、1.80 万、1.79 万和 1.66 万 hm^2。2020 年 7～9 月索马里沙漠蝗虫灾情逐月遥感监测结果见图 3.14～图 3.16。

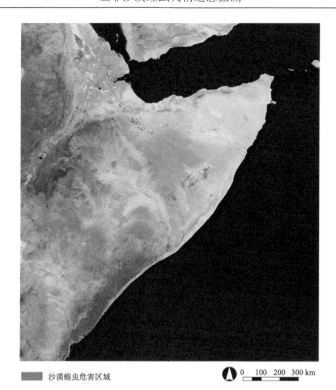

沙漠蝗虫危害区域　　　　　　　　　　　0　100　200　300 km

图 3.14　2020 年 7 月索马里沙漠蝗虫灾情遥感监测图

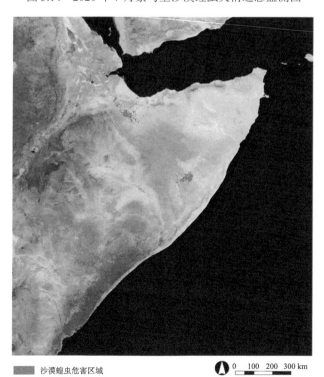

沙漠蝗虫危害区域　　　　　　　　　　　0　100　200　300 km

图 3.15　2020 年 8 月索马里沙漠蝗虫灾情遥感监测图

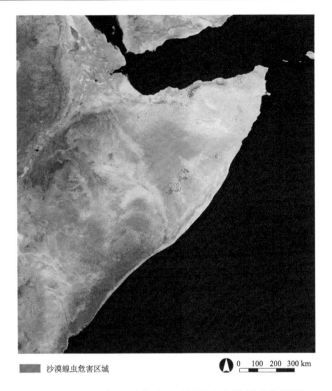

沙漠蝗虫危害区域　　　　　　N　0　100　200　300 km

图 3.16　2020 年 9 月索马里沙漠蝗虫灾情遥感监测图

　　2020 年 10～11 月，也门蝗群向索马里北部迁飞，受北风影响，北部蝗群向中部扩散，并产卵繁殖，导致中部蝗群数量进一步增加，部分蝗群继续向索马里南部扩散至肯尼亚东北部，同时埃塞俄比亚蝗群向东迁飞至肯尼亚西北部。监测结果表明，10～11 月沙漠蝗虫合计危害植被面积 118.37 万 hm^2，其中农田 0.07 万 hm^2，草地 15.87 万 hm^2，灌丛 102.43 万 hm^2，分别占全国农田、草地和灌丛总面积的 0.7%、4.1%和 2.3%。主要受灾区域位于索马里中部、西北部和南部。其中南部的盖多州受灾面积最大，为 21.14 万 hm^2；其次为中部的希兰州，受灾面积 20.14 万 hm^2；再次为西北部的西北州、中部的加勒古杜德州和穆杜格州，受灾面积分别为 19.14 万、17.92 万、13.17 万 hm^2；南部的巴科勒州受灾面积 7.01 万 hm^2，西北部的奥达勒州受灾面积 7.00 万 hm^2，西北部的托格代尔州受灾面积 4.06 万 hm^2，北部的索勒州和萨纳格州受灾面积分别为 3.43 万和 2.30 万 hm^2，南部的拜州受灾面积 1.53 万 hm^2，而巴里州、中谢贝利州、努加尔州和中朱巴州受灾面积分别为 0.74 万、0.45 万、0.25 万和 0.09 万 hm^2。2020 年 10～11 月索马里沙漠蝗虫灾情逐月遥感监测结果见图 3.17～图 3.18。

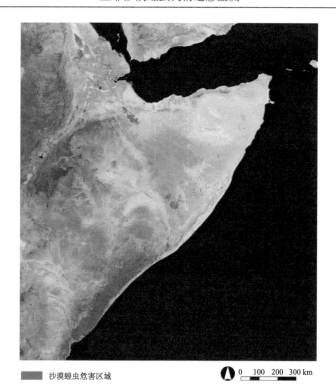

　　沙漠蝗虫危害区域　　　　　　　　　0　100　200　300 km

图 3.17　2020 年 10 月索马里沙漠蝗虫灾情遥感监测图

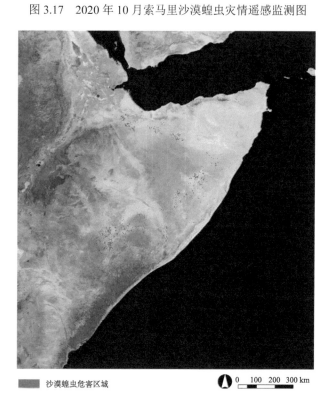

　　沙漠蝗虫危害区域　　　　　　　　　0　100　200　300 km

图 3.18　2020 年 11 月索马里沙漠蝗虫灾情遥感监测图

3.2　埃塞俄比亚沙漠蝗虫灾情遥感监测

埃塞俄比亚联邦民主共和国（The Federal Democratic Republic of Ethiopia），通称埃塞俄比亚，位于非洲东北部，是红海西南东非高原上的内陆国。该国东与吉布提、索马里毗邻，西同苏丹、南苏丹交界，南与肯尼亚接壤，北接厄立特里亚。埃塞俄比亚行政区划为 9 个州和 2 个直辖市，分别为阿法尔州（Afar）、阿姆哈拉州（Amhara）、奥罗米亚州（Oromia）、本尚古勒-古马兹州（Benshangul-Gumaz）、甘贝拉州（Gambela）、哈勒尔州（Harar）、索马里州（Somali）、提格雷州（Tigray）、南方州（Southern），以及亚的斯亚贝巴市（Addis Abeba）和德雷达瓦市（Dire Dawa）。

在地形上，东非大裂谷纵贯埃塞俄比亚全境，境内以山地高原为主，大部地区属埃塞俄比亚高原，中西部是高原的主体，占全境的 2/3，平均海拔近 3000m（中华人民共和国外交部，2020b），高原四周地势逐渐下降，红海沿岸为狭长的带状平原，北部、南部、东北部的沙漠和半沙漠地区约占全国面积的 1/4。埃塞俄比亚以热带草原气候和亚热带森林气候为主，兼有山地和热带沙漠气候。由于该国纬度跨度和海拔高度差距均较大，故各地温度冷热不均，气温范围 9.7～25.5℃，年平均温度为 16℃；每年 2～5 月为小雨季，6～9 月为大雨季，10 月～次年 1 月为旱季，不同季节和地区降水不均易导致局部干旱（向茂森和谭炳卿，1989）。

农业是埃塞俄比亚国民经济和出口创汇的支柱产业，约占国内生产总值的 40%。现有农业用地 1240 万 hm^2，其中可耕地面积约占国土面积的 33%，农业人口约占全国总人口的 81%，主要作物有咖啡、油菜籽、豆类、小麦、玉米、高粱、甘蔗等。粮食作物主要种植在阿姆哈拉州和奥罗米亚州，咖啡主要种植在南方地区，甘蔗主要种植在灌溉条件较好的河流谷地。小麦等谷类作物占粮食作物产量的 84.15%，咖啡出口创汇约占出口的 24%，其产量占世界产量的 15%（FAO，2016a；中华人民共和国外交部，2020b）。东部的沙漠、半沙漠地区可为沙漠蝗虫提供广泛的繁殖区，蝗灾暴发时，易对埃塞俄比亚的农业造成重大损失。

3.2.1　埃塞俄比亚沙漠蝗虫迁飞概况

2019 年 6 月，也门的蝗群入侵埃塞俄比亚索马里州西北部，充足的降水为沙漠蝗虫的繁殖提供了有利条件。7～9 月，部分蝗群向阿姆哈拉州东北部及阿法尔州中部扩散并进行夏季繁殖。10～12 月，沙漠蝗虫不断繁殖，部分蝗群向西北沿阿姆哈拉州扩散至提格雷州境内，向东南扩散至德雷达瓦市周边地区，并继续向索马里州东部的奥加登

（Ogaden）地区扩散。同时索马里北部与埃塞俄比亚交界处部分蝗群越过边境入侵埃塞俄比亚，并由奥加登北部向南移动，扩散至埃塞俄比亚东南部。

2020年1月，哈勒尔（Harar）和索马里州东部吉吉加（Jijiga）、沃尔代尔（Werdēr）、格卜里德哈尔（K'ebrī Dehar）、戈德（Gode）地区的蝗虫不断孵化成群，并向西部和南部迁移，到达奥罗米亚州南部的亚贝洛（Yabelo），以及南方州东部的特尔泰尔（Teltele）。2月，埃塞俄比亚北部的哈勒尔、索马里州东部的吉吉加、沃尔代尔、格卜里德哈尔地区以及奥罗米亚州南部的蝗群从北部和南部不断向裂谷扩散，加之本地蝗虫不断繁殖、孵化，导致裂谷区域蝗群数量持续增加。

2020年3~5月，埃塞俄比亚中部的沙漠蝗虫继续进行春季繁殖，并不断孵化，同时肯尼亚北部蝗群不断向埃塞俄比亚南部及裂谷区域迁飞，索马里北部的蝗群跨过边界到达埃塞俄比亚东部索马里州，导致危害范围进一步扩大。6月上旬，位于南方州南部以及奥罗米亚州中部的蝗群持续向西北扩散至阿姆哈拉州、提格雷州，向东北扩散至索马里州东部，索马里州西部的蝗群向西扩散至阿法尔州和提格雷州；同时，肯尼亚北部的蝗群继续向埃塞俄比亚南部及东南部迁飞；6月中旬，来自肯尼亚北部的蝗群继续向埃塞俄比亚西北部的阿姆哈拉州、提格雷州、阿法尔州以及东部的索马里州等地迁飞，也门南部的蝗群亦不断向阿法尔州迁飞。

2020年7~8月，蝗群向西迁飞至苏丹中部及撒哈拉东部、向东北迁飞至印巴边界进行夏季繁殖，同时也门蝗群不断向埃塞俄比亚北部迁飞，导致蝗群数量显著增加。9月，沙漠蝗虫在埃塞俄比亚北部裂谷区域进行夏季繁殖，并不断成熟。10月，受西北风影响，埃塞俄比亚北部蝗群不断向东扩散至索马里州，同时部分蝗群向索马里迁飞。11~12月，受降水影响，埃塞俄比亚东部蝗群不断产卵、孵化并成熟，导致东部蝗群数量增加，同时部分蝗群向南扩散至埃塞俄比亚南部和肯尼亚东北部。

截至2020年7月，沙漠蝗虫已扩散危害埃塞俄比亚大部分地区，其后多为本地繁殖或境内迁飞，未大范围入侵境内新的区域。因此，本书对埃塞俄比亚2019年6月~2020年7月期间的蝗虫主要繁殖区和迁飞路径进行分析，繁殖区分布及迁飞路径如图3.19所示。

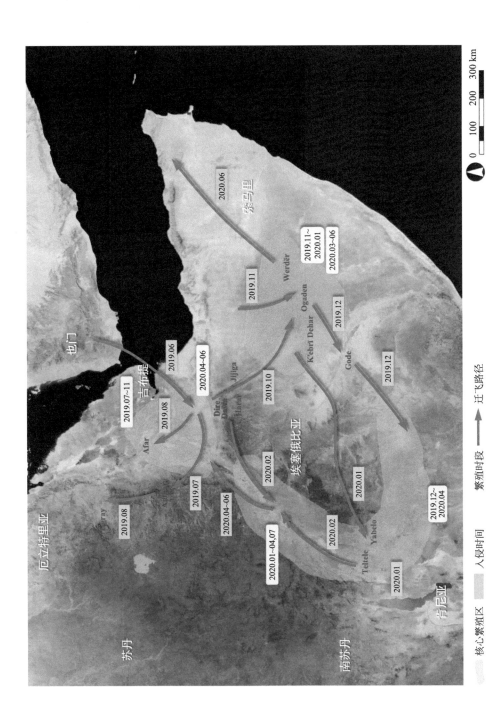

图 3.19　埃塞俄比亚沙漠蝗虫主要繁殖区和迁飞路径（2019 年 6 月～2020 年 7 月）

注：Tigray：提格雷州；Afar：阿法尔州；Amhara：阿姆哈拉州；Harar：哈勒尔；Dire Dawa：德雷达瓦市；Jijiga：吉吉加；Werdēr：沃尔代尔；Ogaden：奥加登；K'ebrī Dehar：格卜里德哈尔；Gode：戈德；Teltele：特尔泰尔；Yabelo：亚贝洛

3.2.2　埃塞俄比亚沙漠蝗虫灾情监测

本书分析了埃塞俄比亚沙漠蝗虫入侵路径、迁飞扩散时间、空间分布等,并对埃塞俄比亚沙漠蝗虫灾情进行时序遥感监测,具体监测结果如下。

2020年3~4月,沙漠蝗虫持续进行春季繁殖,蝗群数量不断增加,加之肯尼亚北部的蝗群不断向埃塞俄比亚南部及裂谷区域迁飞,裂谷区域内危害范围进一步增大。监测结果表明,3~4月沙漠蝗虫合计危害植被面积198.23万 hm^2,其中农田43.62万 hm^2,草地33.31万 hm^2,灌丛121.30万 hm^2,分别占全国农田、草地和灌丛总面积的1.8%、1.9%和1.7%。主要受灾区域位于埃塞俄比亚中部和南部,其中奥罗米亚州受灾面积最大,为120.94万 hm^2;索马里州次之,受灾面积32.51万 hm^2;再次为南方州,以及阿法尔州,受灾面积为28.92万和15.53万 hm^2;位于西北部的阿姆哈拉州受害面积为0.33万 hm^2。2020年3~4月埃塞俄比亚沙漠蝗虫灾情逐月遥感监测结果见图3.20~图3.21。

2020年6月,沙漠蝗虫持续进行春季繁殖,埃塞俄比亚南部蝗群不断向西北部和东北部扩散,东部蝗群向西部扩散,同时肯尼亚和也门的蝗群也向埃塞俄比亚迁飞。监测结果表明,6月沙漠蝗虫危害植被面积113.00万 hm^2,其中农田21.47万 hm^2,草地26.49万 hm^2,灌丛65.04万 hm^2,分别占全国农田、草地和灌丛总面积的0.9%、1.5%和0.9%。主要受灾区域及面积如下:索马里州西部受灾面积为27.64万 hm^2,奥罗米亚州东部受灾面积为25.02万 hm^2,南方州南部受灾面积24.43万 hm^2,提格雷州中部受灾面积19.13万 hm^2,阿法尔州中部受灾面积13.01万 hm^2,西北部的阿姆哈拉州和西南部的甘贝拉州受灾面积分别为3.26万和0.51万 hm^2。2020年6月肯尼亚沙漠蝗虫灾情遥感监测结果见图3.22。

2020年7~8月,沙漠蝗虫持续繁殖,加之也门蝗群不断向埃塞俄比亚迁飞,导致蝗虫数量进一步增加,同时埃塞俄比亚南部和中部蝗群不断向西北部和东北部扩散至苏丹和印巴边界。监测结果表明,7~8月沙漠蝗虫合计危害植被面积182.22万 hm^2,其中农田45.47万 hm^2,草地51.67万 hm^2,灌丛85.08万 hm^2,分别占全国农田、草地和灌丛总面积的1.9%、2.9%和1.2%。主要受灾区域位于埃塞俄比亚北部和南部,其中阿法尔州受灾面积最大,为73.52万 hm^2,索马里州次之,为35.22万 hm^2;再次为南方州,提格雷州、奥罗米亚州和阿姆哈拉州,受灾面积分别为21.35万、19.57万、16.64万、15.77万 hm^2,西南部的甘贝拉州受灾面积为0.15万 hm^2。2020年7~8月埃塞俄比亚沙漠蝗虫灾情逐月遥感监测结果见图3.23~图3.24。

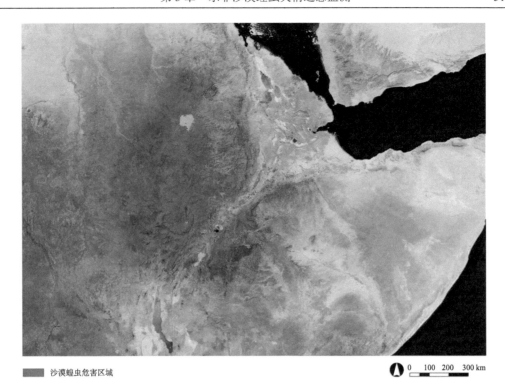

沙漠蝗虫危害区域　　　　　　　　　　　　　　　0　100　200　300 km

图 3.20　2020 年 3 月埃塞俄比亚沙漠蝗虫灾情遥感监测图

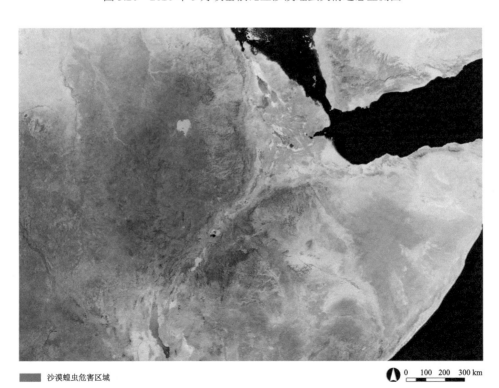

沙漠蝗虫危害区域　　　　　　　　　　　　　　　0　100　200　300 km

图 3.21　2020 年 4 月埃塞俄比亚沙漠蝗虫灾情遥感监测图

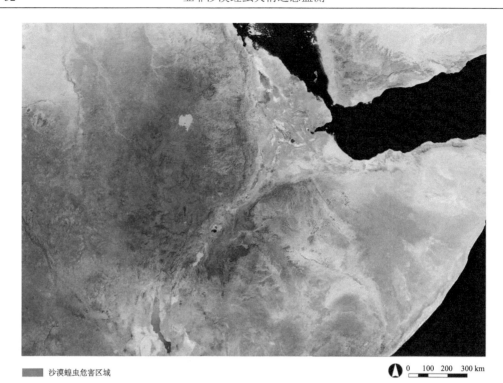

■■ 沙漠蝗虫危害区域　　　　　　　　　　　　0　100　200　300 km

图 3.22　2020 年 6 月埃塞俄比亚沙漠蝗虫灾情遥感监测图

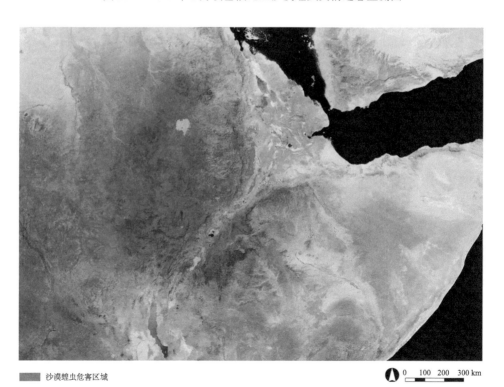

■■ 沙漠蝗虫危害区域　　　　　　　　　　　　0　100　200　300 km

图 3.23　2020 年 7 月埃塞俄比亚沙漠蝗虫灾情遥感监测图

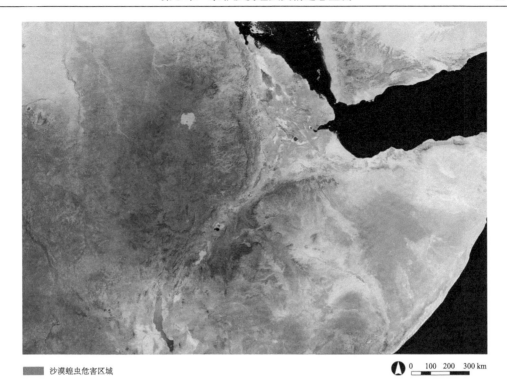

沙漠蝗虫危害区域　　　　　　　　　　　0　100　200　300 km

图 3.24　2020 年 8 月埃塞俄比亚沙漠蝗虫灾情遥感监测图

2020 年 9 月，埃塞俄比亚北部蝗群不断繁殖产卵并成熟，导致蝗群数量进一步增加。监测结果表明，9 月沙漠蝗虫危害植被面积 109.52 万 hm²，其中，农田 28.54 万 hm²，草地 31.75 万 hm²，灌丛 49.23 万 hm²，分别占全国农田、草地和灌丛总面积的 1.2%、1.8% 和 0.7%。主要受灾区域位于埃塞俄比亚北部，其中阿法尔州受灾面积最大，为 51.39 万 hm²；奥罗米亚州次之，受灾面积为 30.86 万 hm²；索马里州受灾面积居第三位，为 20.14 万 hm²；位于西北部的阿姆哈拉州和提格雷州受灾面积分别为 5.08 万 hm² 和 2.05 万 hm²。2020 年 9 月埃塞俄比亚沙漠蝗虫灾情遥感监测结果见图 3.25。

2020 年 10 月，受东北风影响，埃塞俄比亚境内北部蝗群不断向东扩散至索马里州，同时部分蝗群向索马里迁飞。监测结果表明，10 月沙漠蝗虫危害植被面积 114.39 万 hm²，其中农田 43.83 万 hm²，草地 18.50 万 hm²，灌丛 52.06 万 hm²，分别占全国农田、草地和灌丛总面积的 1.8%、1.1% 和 0.7%。主要受灾区域及面积如下：奥罗米亚州北部受灾面积 46.26 万 hm²，阿法尔州南部受灾面积 19.34 万 hm²，索马里州北部受灾面积 18.86 万 hm²，阿姆哈拉州东部受灾面积 17.74 万 hm²，提格雷州南部受灾面积 12.03 万 hm²，南部的南方州受灾面积 0.16 万 hm²。2020 年 10 月埃塞俄比亚沙漠蝗虫灾情遥感监测结果见图 3.26。

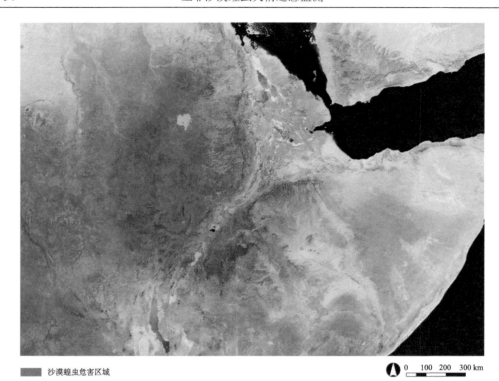

■ 沙漠蝗虫危害区域　　　　　　　　　　　0 100 200 300 km

图 3.25　2020 年 9 月埃塞俄比亚沙漠蝗虫灾情遥感监测图

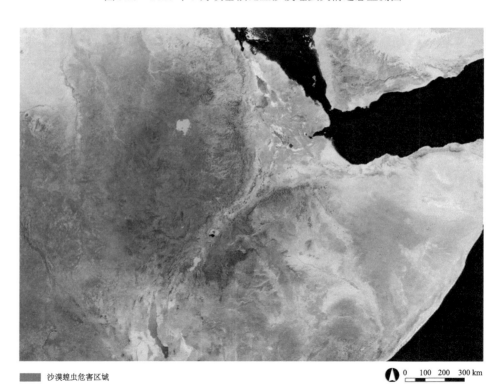

■ 沙漠蝗虫危害区域　　　　　　　　　　　0 100 200 300 km

图 3.26　2020 年 10 月埃塞俄比亚沙漠蝗虫灾情遥感监测图

3.3　肯尼亚沙漠蝗虫灾情遥感监测

肯尼亚共和国（The Republic of Kenya），通称肯尼亚，位于非洲东部，赤道横贯中部，东非大裂谷纵贯南北。该国东邻索马里，南接坦桑尼亚，西连乌干达，北与埃塞俄比亚、南苏丹交界，东南濒临印度洋。肯尼亚行政区划包括 7 个省和 1 个省级特区，即中央省（Central）、滨海省（Coast）、东部省（Eastern）、尼安萨省（Nyanza）、裂谷省（Rift Valley）、西部省（Western）、东北省（North Eastern）和内罗毕特区（Nairobi）。

在地形上，肯尼亚沿海为平原地带，北部为沙漠和半沙漠地带，约占全国总面积的 56%，其余大部分为平均海拔 1500m 的高原（王琛，2008），其中中部的肯尼亚山海拔 5199m，是肯尼亚最高峰、非洲第二高峰，峰顶终年积雪（周亚东，2017）；东非大裂谷东支纵切高原南北，将高地分成东、西两部分，大裂谷谷底在高原以下 450～1000m，宽 50～100km。在气候上，肯尼亚位于热带季风区，但受其地势较高的影响，大部分地区属热带草原气候，沿海地区湿热，高原气候温和（王生位等，2019）。3～6 月和 10～12 月为雨季，其余为旱季，全年最高气温为 22～26℃，最低气温为 10～14℃，年降水量自西南向东北由 1500mm 递减至 200mm。

农业是肯尼亚国民经济支柱，其产值约占国内生产总值的 1/3，其出口占总出口的一半以上，全国总人口的 75% 为农业人口。全国可耕地面积 9.2 万 km^2，约占国土面积的 16%；在可耕地面积中已耕地占 73%，主要分布在西南部高原地区（FAO，2015a；中华人民共和国外交部，2020c）。该国主要粮食作物有玉米、小麦、稻子、高粱、木薯等。正常年景粮食基本自给，小麦和水稻依赖进口。肯尼亚北部的沙漠和半沙漠地带可为沙漠蝗虫提供适宜的产卵地，在雨水充足年份，易受沙漠蝗虫侵扰。

3.3.1　肯尼亚沙漠蝗虫迁飞概况

2019 年 10～11 月，印度洋偶极子（一种东非海岸印度洋西部比东部温暖的气候现象）引发东非国家异常大雨，适宜的温度和充足的降水使绿色植被不断增加，为沙漠蝗虫繁殖创造了适宜条件。12 月 28 日，埃塞俄比亚东部及索马里中部地区的蝗群入侵肯尼亚东北部曼德拉（Mandera）。

2020 年 1 月，埃塞俄比亚和索马里的蝗群继续向肯尼亚东北部迁移，并从曼德拉向南迁飞至瓦吉尔（Wajir）和加里萨（Garissa）北部，向西沿埃塞俄比亚边界迁移至莫亚莱（Moyale）和马萨比特（Marsabit），向西南迁移至肯尼亚山中部的伊西奥洛（Isiolo）、桑布鲁（Samburu）、梅鲁（Meru）、莱基皮亚（Laikipia）等地区，部分蝗群沿肯尼亚山北部向西移动到卡佩多（Kapedo）附近的裂谷区域。

2020 年 2 月，北部和中部的蝗群不断成熟并产卵，蝗虫数量增加，蝗群继续向南部和西部移动，入侵裂谷省南部的卡贾多（Kajiado）和西部的西波克特（West Pokot），并分别于 7 日和 9 日到达坦桑尼亚边界和乌干达边界，17 日到达肯尼亚西南部的凯里乔（Kericho）；同时，北部的图尔卡纳湖（Lake Turkana）和中部塔纳河（Tana）沿岸也有成熟蝗群出现。

2020 年 3 月，肯尼亚北部马萨比特、图尔卡纳（Turkana）、曼德拉、瓦吉尔、伊西奥洛、桑布鲁等地的蝗群进一步集中，并大规模繁殖。4 月，肯尼亚北部和中部的沙漠蝗虫继续进行春季繁殖，部分蝗群向西入侵乌干达东北部，向西北迁飞至南苏丹，受南风及气温和湿度条件限制，蝗群并未继续向南入侵坦桑尼亚。

2020 年 5～6 月，肯尼亚境内的沙漠蝗虫持续进行春季繁殖，北部大部分地区已有沙漠蝗虫分布，西北部的蝗群继续向西扩散至乌干达东北部，向西北扩散至南苏丹南部，向东北扩散至埃塞俄比亚等国。7～8 月，本地蝗虫不断产卵、孵化和成熟，部分蝗群向西南迁飞至苏丹中部进行夏季繁殖。

2020 年 9～10 月，地面控制行动持续进行，蝗虫数量显著减少，西北部仍存在少量未成熟蝗群。11～12 月，索马里和埃塞俄比亚蝗群向肯尼亚东部和东北部迁飞，并不断产卵繁殖和成熟。

截至 2020 年 6 月，沙漠蝗虫已扩散危害肯尼亚大部分地区，其后多为本地繁殖或境内迁飞，未大范围入侵境内新的区域。因此，本书对肯尼亚 2019 年 12 月～2020 年 6 月期间的蝗虫主要繁殖区和迁飞路径进行分析，繁殖区分布及迁飞路径如图 3.27 所示。

3.3.2 肯尼亚沙漠蝗虫灾情监测

本书分析了肯尼亚沙漠蝗虫入侵路径、迁飞扩散时间、空间分布等，并对肯尼亚沙漠蝗虫灾情进行时序遥感监测，具体监测结果如下。

2020 年 1 月，沙漠蝗虫由埃塞俄比亚东部和索马里中部入侵至肯尼亚东北部曼德拉后，蝗群继续向西和向南扩散至肯尼亚中部。监测结果表明，1 月沙漠蝗虫危害植被面积 94.01 万 hm^2，其中农田 12.12 万 hm^2，草地 27.81 万 hm^2，灌丛 54.08 万 hm^2，分别占全国农田、草地和灌丛总面积的 2.3%、1.4% 和 1.5%。主要受灾区域位于肯尼亚中部和南部，其中东部省受灾面积最大，为 57.77 万 hm^2；裂谷省次之，受灾面积为 30.47 万 hm^2；滨海省受灾面积居第三位，为 3.51 万 hm^2；位于南部的中央省和内罗毕特区以及北部的东北省受害面积分别为 1.16 万、0.81 万和 0.29 万 hm^2。2020 年 1 月肯尼亚沙漠蝗虫灾情遥感监测结果见图 3.28。

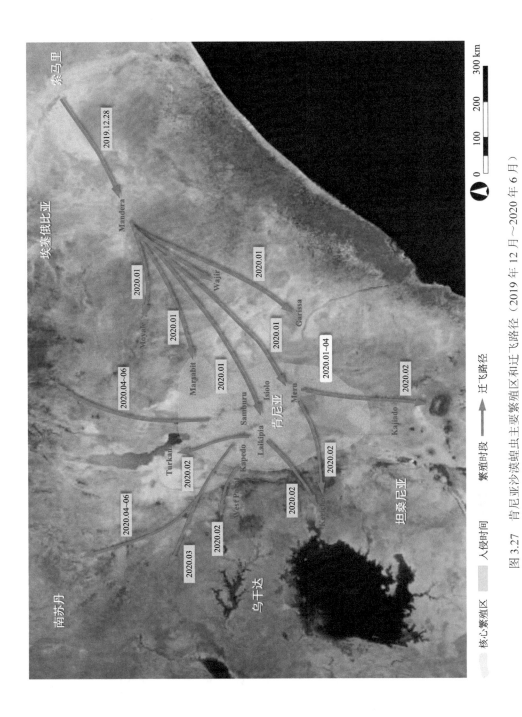

图 3.27　肯尼亚沙漠蝗虫主要繁殖区和迁飞路径（2019 年 12 月～2020 年 6 月）

注：Mandera：曼德拉；Wajir：瓦吉尔；Moyale：莫亚莱；Garissa：加里萨；Marsabit：马萨比特；Isiolo：伊西奥洛；Meru：梅鲁；Samburu：桑布鲁；Turkana：图尔卡纳；Laikipia：莱基皮亚；West Pokot：西波克特；Kericho：凯里乔；Kapedo：卡佩多；Kajiado：卡贾多

2020 年 2 月，沙漠蝗虫除在本地繁殖危害外，继续向西和向南扩散至坦桑尼亚边界和乌干达边界造成新的危害。监测结果表明，2 月沙漠蝗虫危害肯尼亚境内植被面积 132.63 万 hm^2，其中农田 23.94 万 hm^2，草地 42.01 万 hm^2，灌丛 66.68 万 hm^2，分别占全国农田、草地和灌丛总面积的 4.6%、2.1% 和 1.9%。主要受灾区域及面积如下：裂谷省南部受灾面积为 73.66 万 hm^2，东部省中部受灾面积为 49.17 万 hm^2，中央省西部受灾面积为 4.56 万 hm^2，滨海省北部受灾面积为 3.78 万 hm^2，东北省西部受灾面积为 0.88 万 hm^2，内罗毕特区、西部省和尼安萨省受灾面积分别为 0.33 万、0.15 万、0.10 万 hm^2。2020 年 2 月肯尼亚沙漠蝗虫灾情遥感监测结果见图 3.29。

2020 年 3～4 月，沙漠蝗虫继续进行春季繁殖，种群数量进一步增加，蝗群主要位于裂谷省与东部省交界的中部地区以及裂谷省与西部省交界处，当地牧场和农田遭受严重损失。研究显示，3～4 月沙漠蝗虫危害区域主要位于肯尼亚中部，合计危害植被面积约 286.93 万 hm^2，其中农田 44.79 万 hm^2，草地 76.86 万 hm^2，灌丛 165.28 万 hm^2，分别占全国农田、草地和灌丛总面积的 8.5%、3.9% 和 4.7%。在各省中，东部省受灾面积最大，为 156.54 万 hm^2；裂谷省次之，为 95.95 万 hm^2；中央省受灾面积居第三位，为 25.06 万 hm^2；位于北部的滨海省和内罗毕特区以及东北部的东北省受灾面积分别为 6.61 万、1.73 万和 1.04 万 hm^2。2020 年 3～4 月肯尼亚沙漠蝗虫灾情逐月遥感监测结果见图 3.30～图 3.31。

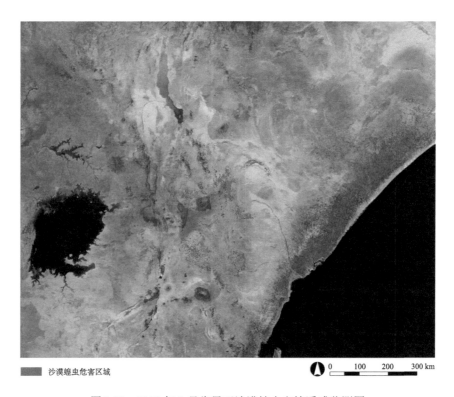

　　　　沙漠蝗虫危害区域　　　　　　　　　　　　0　　100　　200　　300 km

图 3.28　2020 年 1 月肯尼亚沙漠蝗虫灾情遥感监测图

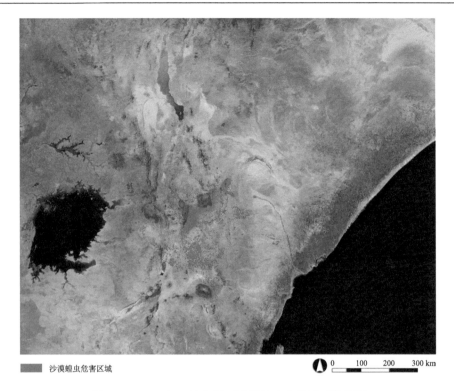

■ 沙漠蝗虫危害区域　　　　　　　　　　0　100　200　300 km

图 3.29　2020 年 2 月肯尼亚沙漠蝗虫灾情遥感监测图

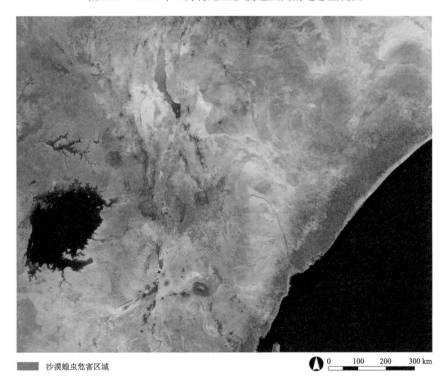

■ 沙漠蝗虫危害区域　　　　　　　　　　0　100　200　300 km

图 3.30　2020 年 3 月肯尼亚沙漠蝗虫灾情遥感监测图

沙漠蝗虫危害区域   0   100   200   300 km

图 3.31   2020 年 4 月肯尼亚沙漠蝗虫灾情遥感监测图

2020 年 6～8 月，沙漠蝗虫主要位于肯尼亚北部大部分地区，持续的本地繁殖使北部蝗群数量进一步增加，对当地牧场和农田造成严重危害。监测结果显示，6～8 月危害区域主要位于肯尼亚东北部和西北部，合计危害植被面积约 185.33 万 hm^2，其中农田 11.61 万 hm^2，草地 92.90 万 hm^2，灌丛 80.82 万 hm^2，分别占全国农田、草地和灌丛总面积的 2.2%、4.7%和 2.3%。主要受灾区域位于肯尼亚北部，其中裂谷省危害面积最大，达 117.13 万 hm^2，东部省次之，为 41.05 万 hm^2，再次为东北省，受灾面积为 26.34 万 hm^2，而西部省、中央省和滨海省受灾面积分别为 0.73 万、0.04 万和 0.04 万 hm^2。2020 年 6～8 月肯尼亚沙漠蝗虫灾情逐月遥感监测结果见图 3.32～图 3.34。

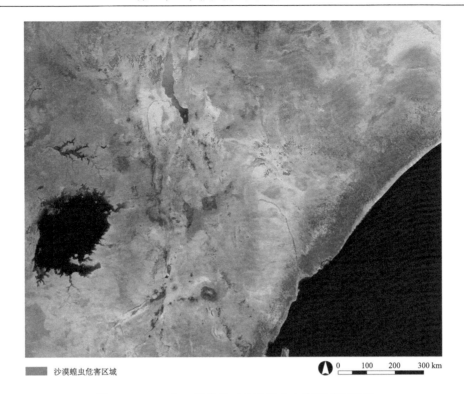

沙漠蝗虫危害区域　　　　　　　　　　　　　　0　　100　　200　　300 km

图 3.32　2020 年 6 月肯尼亚沙漠蝗虫灾情遥感监测图

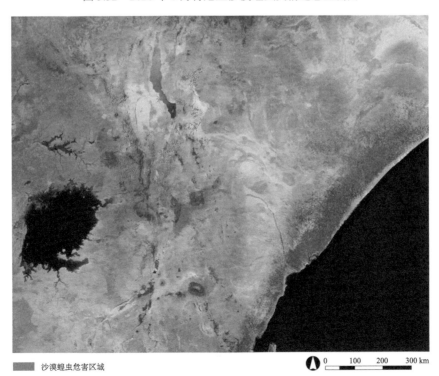

沙漠蝗虫危害区域　　　　　　　　　　　　　　0　　100　　200　　300 km

图 3.33　2020 年 7 月肯尼亚沙漠蝗虫灾情遥感监测图

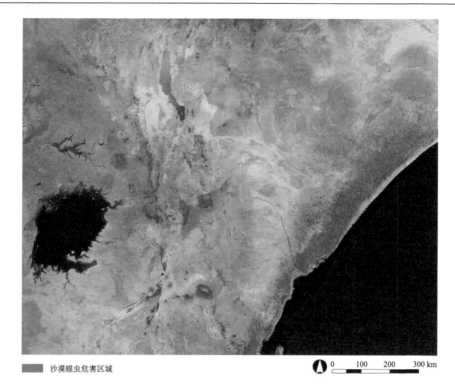

沙漠蝗虫危害区域　　　　　　　　　0　　100　　200　　300 km

图 3.34　2020 年 8 月肯尼亚沙漠蝗虫灾情遥感监测图

第4章 西亚和南亚沙漠蝗虫灾情遥感监测

4.1 也门沙漠蝗虫灾情遥感监测

也门共和国（The Republic of Yemen），通称也门，位于亚洲西南部、阿拉伯半岛的西南端，北部与沙特阿拉伯接壤，东临阿曼，南濒阿拉伯海、亚丁湾，西隔红海与厄立特里亚和吉布提相望。也门行政区划为21个省和1个直辖市，包括亚丁省（Aden）、阿姆兰省（Amran）、阿比扬省（Abyan）、达利省（Ad Dali）、贝达省（Al Baydā'）、荷台达省（Al Hudaydah）、焦夫省（Al Jawf）、迈赫拉省（Al Mahrah）、迈赫维特省（Al Mahwit）、宰马尔省（Dhamar）、哈德拉毛省（Hadramawt）、哈杰省（Hajjah）、伊卜省（Ibb）、莱希季省（Lahij）、马里卜省（Ma'rib）、赖马省（Raymah）、萨达省（Sa'dah）、萨那省（San'a'）、舍卜沃省（Shabwah）、塔伊兹省（Ta'izz）、索科特拉省（Suqutra）和萨那直辖市（San'a'）。

也门的地势大致可分为西南部山地区、东北部高原区、南部沿海平原区、中部沙漠区和阿拉伯海岛屿。全国可耕地总面积约 362 万 hm²，已耕地面积约 137 万 hm²，占其国土面积的 2.7%，农业人口约占其总人口的 71%。该国农产品主要有棉花、咖啡、高粱、谷子、玉米、大麦、豆类、芝麻、烟叶等；其一半的粮食依靠进口，棉花和咖啡可供出口（中华人民共和国外交部，2020d）。也门的耕地多分布于溪流沿线的山坡梯田和河岸农场，包括旱作农业和灌溉农业，农业规模较小（FAO，2008）。也门属于热带干旱半干旱气候，山地和高原地区气候较温和；中部是沙漠和半沙漠地区，气候干燥，炎热少雨；西部红海沿岸地带，气候炎热潮湿，夏季气温一般在 35～40℃，年降水量在 400mm以下。

4.1.1 也门沙漠蝗虫迁飞概况

2018 年 5～10 月，在亚丁湾形成的热带气旋萨加尔和阿拉伯半岛南部形成的热带气旋梅库努以及在阿拉伯海形成的热带气旋鲁班给也门、阿曼和沙特阿拉伯交界地区的沙漠地带带来了异常充足的降水，形成了季节性湖泊，致使该区域绿色植被激增，为沙漠蝗虫繁殖提供了适宜条件。12 月，位于鲁卜哈利沙漠东南部的也门、阿曼和沙特阿拉伯交界处出现沙漠蝗虫，并于月底完成 2 代繁殖。

2019 年 1 月，也门、阿曼和沙特阿拉伯交界处的沙漠蝗虫持续繁殖，部分蝗虫向鲁卜哈利沙漠西部和北部的沙特阿拉伯内部及阿拉伯联合酋长国和伊朗南部入侵。2~3月，东北部的沙漠蝗虫部分进行本地繁殖，部分向也门中部哈德拉毛河沿岸的种植区入侵。4~5月，蝗群向也门西部沿海地区侵袭，先到达马里卜省和焦夫省，后继续向西移动到宰马尔省和萨那省北部的高地，南部舍卜沃省的阿塔格（Ataq）也有蝗虫的成熟个体出现，部分蝗虫开始产卵。6~7月，蝗虫开始夏季繁殖，马里卜省南部的成虫不断产卵、孵化，红海沿岸北部的苏克阿布斯（Suq Abs）地区和南部亚丁湾沿岸出现成熟蝗群并产卵、孵化，之后逐渐蔓延至红海沿岸的沙特阿拉伯西南部；同时，部分蝗群跨过亚丁湾入侵索马里北部、厄立特里亚南部和埃塞俄比亚东部。8~9月，宰马尔省和萨那省的蝗群到达红海和亚丁湾沿岸的塔伊兹省和荷台达省，异常暖湿的条件使得马里卜省南部和东部地区再次形成大量蝗群。10~12月，与沙特阿拉伯邻近的也门西北部红海沿海平原繁殖区的蝗虫不断产卵、孵化成群，开始冬季繁殖。此外，南部沿海的蝗虫也在繁殖并形成一定规模。

2020年1月，红海沿海平原的蝗虫持续繁殖，新的蝗群不断形成，部分蝗群向东部高地移动，部分跨过红海到达厄立特里亚；同时，印巴边界和阿曼南部部分蝗群沿海岸向南移动至也门南部沿海。2月，沿海平原的蝗群进行下一代繁殖，部分蝗群向北迁移至沙特阿拉伯境内，部分蝗群向东部高地及也门境内迁移，29日在萨那直辖市出现成熟蝗群，南部沿海的亚丁省出现新繁殖的蝗虫。3月，南部沿海亚丁省的蝗虫不断繁殖、成熟、成群，中部哈德拉毛省出现大量降水，降水使也门与阿曼交界处的内陆及沿海地区不断形成新的蝗群。4月，与阿曼交界处沿海地区及亚丁省北部出现成熟蝗群，东部高原区的蝗虫成虫开始产卵。5月，在南部沿海、拉姆拉特·萨巴廷（Ramlat Sabatyn）边缘和哈德拉毛河以北高原地区出现降水的区域，蝗虫持续成熟并产卵；中下旬，沙特阿拉伯和阿曼的蝗虫分别从北部和东部向也门迁飞。

2020年6月，也门的沙漠蝗虫持续进行本地春季繁殖，蝗虫不断孵化形成新的蝗群，西海岸及西南沿海的蝗群不断扩大。7月，伴随降水，蝗虫持续繁殖，部分蝗群向南迁飞至索马里北部和埃塞俄比亚东北部；红海沿岸的蝗群也继续繁殖并不断形成新的蝗群。8月，也门境内仍有成熟或未成熟的蝗群，繁殖区扩散至南部亚丁湾沿岸以及西部红海沿岸，使得也门蝗群数量进一步上升，部分种群抵达红海北部海岸。9~10月，蝗群数量持续增多，部分蝗群向亚丁湾沿岸以及红海沿岸北部扩散，西北沿海部分蝗群沿红海沿岸迁飞至沙特阿拉伯西南部。

2020年11月，也门内陆的蝗虫繁殖逐渐结束，蝗虫不断向西部红海沿岸扩散，南部亚丁湾因干旱气候蝗虫较少，中下旬，西北部蝗群继续沿红海沿岸向北迁飞，另有部分蝗群开始向沙特阿拉伯内陆的冬季繁殖区迁飞。12月，也门的蝗虫继续向阿拉伯半岛内部迁飞，并最远迁飞至科威特境内，而也门境内的本地繁殖逐渐减少，至此也门的沙漠蝗虫灾情逐步恢复平静。

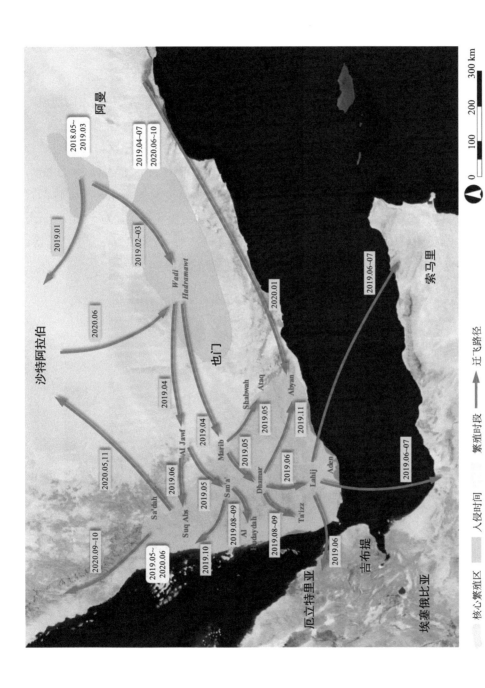

图 4.1　也门沙漠蝗虫主要繁殖区和迁飞路径（2018 年 5 月～2020 年 11 月）

注：Wadi Hadramawt: 哈德拉毛河；Sa'dah: 萨达省；Al Jawf: 焦夫省；Suq Abs: 苏克阿布斯；Ma'rib: 马里卜省；San'a: 萨那省；Shabwah: 舍卜沃省；Ataq: 阿塔格；Dhamar: 宰马尔省；Al Hudaydah: 荷台达省；Ta'izz: 塔伊兹省；Abyan: 阿比扬省；Lahij: 莱希季省；Aden: 亚丁省

本书聚焦2018年5月蝗虫开始聚集至2019年11月蝗虫几乎扩散至也门全境的时段内蝗虫主要繁殖区分布与迁飞路径，以及 2020 年繁殖区分布和境外迁入与境内迁出路径，具体见图4.1。

4.1.2 也门沙漠蝗虫灾情监测

本书分析了也门沙漠蝗虫入侵路径、迁飞扩散时间、空间分布等，并对也门沙漠蝗虫灾情进行时序遥感监测，具体监测结果如下。

2019 年 4～5 月，也门沙漠蝗虫主要分布于西部山地区及内陆沙漠区，沙漠蝗虫合计危害植被面积 13.73 万 hm^2，其中农田 3.66 万 hm^2，草地 2.73 万 hm^2，灌丛 7.34 万 hm^2，分别占全国农田、草地和灌丛总面积的 3.6%、4.7%和 1.3%。受灾区域主要位于也门首都萨那直辖市及其周边省份和中部沙漠地带，其中萨那省受灾面积最大，为 5.98 万 hm^2；其他受灾地区包括贝达省、阿姆兰省、哈德拉毛省、迈赫拉省、宰马尔省、舍卜沃省等。2019 年 4～5 月也门沙漠蝗虫灾情逐月遥感监测结果见图4.2～图4.3。

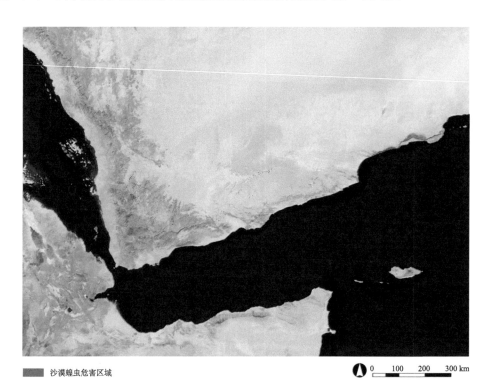

沙漠蝗虫危害区域   0 100 200 300 km

图 4.2　2019 年 4 月也门沙漠蝗虫灾情遥感监测图

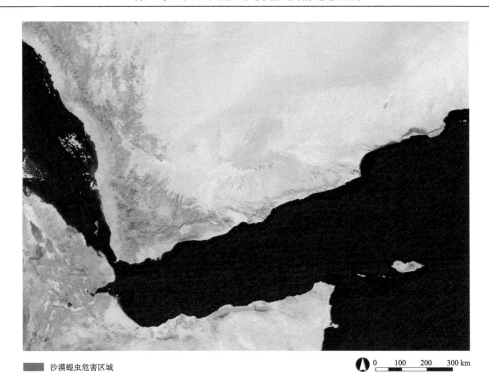

沙漠蝗虫危害区域　　　　　　　　　　　　　　0　100　200　300 km

图 4.3　2019 年 5 月也门沙漠蝗虫灾情遥感监测图

　　2019 年 7～9 月，沙漠蝗虫主要分布于西部、南部沿海平原、西部山地区及内陆沙漠区哈德拉毛河沿岸。沙漠蝗虫危害植被面积约 38.31 万 hm²，其中农田 9.64 万 hm²，草地 7.57 万 hm²，灌丛 21.10 万 hm²，分别占全国农田、草地和灌丛总面积的 9.6%、13.2%和 3.7%。主要受灾区域向西部红海沿岸移动，其中塔伊兹省受灾面积最大，达 14.5 万 hm²；荷台达省次之，受灾面积为 12.69 万 hm²。其他受灾省份包括，伊卜省、哈杰省、达利省、莱希季省等。2019 年 7～9 月也门沙漠蝗虫灾情逐月遥感监测结果见图 4.4～图 4.6。

　　2019 年 10～12 月，沙漠蝗虫主要分布于西部红海沿岸及南部亚丁湾沿岸。沙漠蝗虫共计危害植被面积 27.01 万 hm²，其中农田 8.61 万 hm²，草地 7.34 万 hm²，灌丛 11.06 万 hm²，分别占全国农田、草地和灌丛总面积的 8.5%、12.8%和 2.0%。蝗虫继续危害也门西部沿海地区，其中受灾面积最大的是荷台达省，为 10.94 万 hm²；其次为塔伊兹省，受灾面积为 5.86 万 hm²；再次为哈杰省，受灾面积 3.72 万 hm²；其余受灾地区包括伊卜省、莱希季省、达利省、阿姆兰省等。2019 年 10～12 月也门沙漠蝗虫灾情逐月遥感监测结果见图 4.7～图 4.8。

沙漠蝗虫危害区域   0   100   200   300 km

图 4.4   2019 年 7 月也门沙漠蝗虫灾情遥感监测图

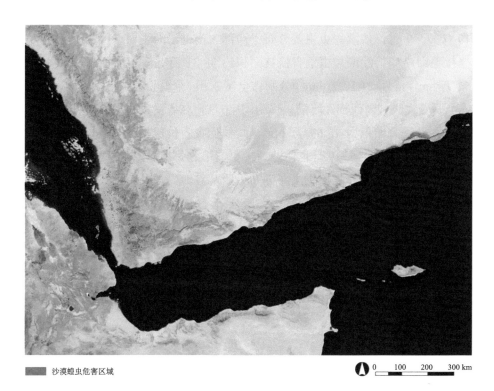

沙漠蝗虫危害区域   0   100   200   300 km

图 4.5   2019 年 8 月也门沙漠蝗虫灾情遥感监测图

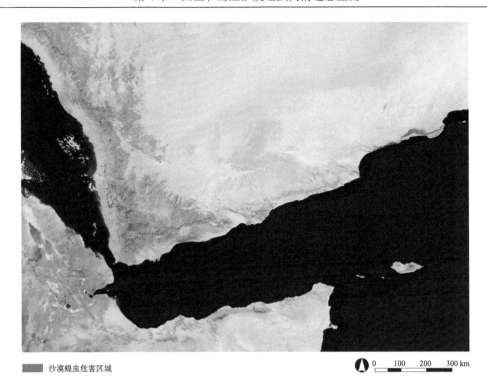

▆▆▆ 沙漠蝗虫危害区域　　　　　　　　　　　　　0　100　200　300 km

图 4.6　2019 年 9 月也门沙漠蝗虫灾情遥感监测图

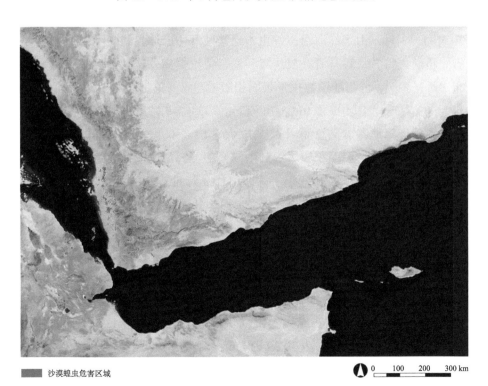

▆▆▆ 沙漠蝗虫危害区域　　　　　　　　　　　　　0　100　200　300 km

图 4.7　2019 年 10 月也门沙漠蝗虫灾情遥感监测图

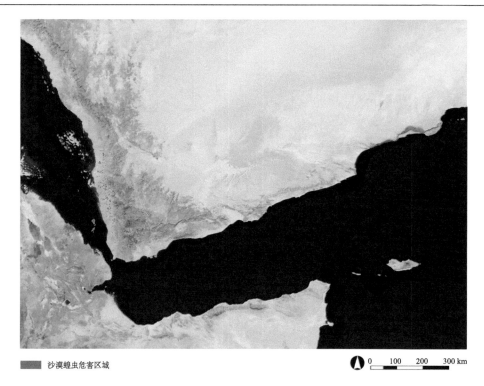

　　沙漠蝗虫危害区域　　　　　　　　　　0　100　200　300 km

图 4.8　2019 年 12 月也门沙漠蝗虫灾情遥感监测图

　　2020 年 1～3 月，由于红海沿岸蝗虫本地繁殖及印巴边界和阿曼的蝗群迁飞入境，除萨达省、迈赫维特省、赖马省、贝达省和索科特拉群岛外，其余各省均有不同密度的蝗虫分布。研究表明，也门沙漠蝗虫危害面积激增，危害范围高达 17 个省份，共计危害植被面积 86.03 万 hm^2。其中，农田 23.76 万 hm^2，草地 19.73 万 hm^2，灌丛 42.54 万 hm^2，分别占全国农田、草地和灌丛总面积的 23.5%、34.3%和 7.5%。也门的植被多分布在西部地区，因此西部植被受灾面积较大。其中，西部红海沿岸的荷台达省受灾面积最大，达 18.89 万 hm^2；其次为伊卜省，受灾面积为 11.18 万 hm^2；再次为萨那省，受灾面积为 10.36 万 hm^2。达利省、宰马尔省、塔伊兹省受灾面积分别为 7.79 万、7.63 万和 7.34 万 hm^2；其余受灾省份包括萨达省、阿姆兰省、迈赫维特省等。2020 年 1～3 月也门沙漠蝗虫灾情逐月遥感监测结果见图 4.9～图 4.11。

　　2020 年 4～6 月，也门境内沙漠蝗虫的春季繁殖使得成熟蝗群数量进一步激增，入侵省份达 19 个，共计危害植被面积 141.6 万 hm^2。其中，农田 42.9 万 hm^2，草地 17.38 万 hm^2，灌丛 81.32 万 hm^2，分别占全国农田、草地和灌丛总面积的 42.5%、30.2%和 14.4%。其中，塔伊兹省受灾面积最大，达 30.39 万 hm^2；荷台达省次之，为 24.62 万 hm^2；达利省和莱希季省再次之，分别为 15.24 万和 14.29 万 hm^2。此外，伊卜省、宰马尔省和阿姆兰省也遭受了沙漠蝗虫危害，受灾面积分别为 11.14 万、10.14 万和 9.81 万 hm^2。阿比扬省、贝达省、哈德拉毛省、迈赫维特省、哈杰省、萨那省、迈赫拉省等也受到了不同程度的危害。2020 年 4～6 月也门沙漠蝗虫灾情逐月遥感监测结果见图 4.12～图 4.14。

　　2020 年 7～9 月，也门沙漠蝗虫主要分布于西部红海沿岸平原、西部山地区及中部沙漠区。研究发现，也门沙漠蝗虫危害植被面积达 112.51 万 hm², 其中危害农田面积 33.93 万 hm², 危害草地面积 20.69 万 hm², 危害灌丛面积 57.89 万 hm², 分别占全国农田、草地和灌丛总面积的 34%、36% 和 10%。在主要危害省份中，荷台达省受灾面积最大，为 40.24 万 hm², 其次是哈杰省，受灾面积为 18.98 万 hm², 伊卜省仅次于哈杰省，受灾面积为 10.00 万 hm²; 其余危害省份中，塔伊兹省的受灾面积为 8.54 万 hm², 莱希季省的受灾面积为 8.33 万 hm², 达利省的受灾面积为 5.46 万 hm², 哈德拉毛省的受灾面积为 3.94 万 hm², 迈赫拉省的受灾面积为 3.47 万 hm², 萨达省的受灾面积为 3.42 万 hm², 迈赫维特省的受灾面积为 2.39 万 hm², 萨那省的受灾面积为 1.89 万 hm², 阿比扬省的受灾面积为 1.65 万 hm²; 此外，贝达省、阿姆兰省、宰马尔省、赖马省、焦夫省、马里卜省、舍卜沃省等也受到不同程度的危害。2020 年 7～9 月也门沙漠蝗虫灾情逐月遥感监测结果见图 4.15～图 4.17。

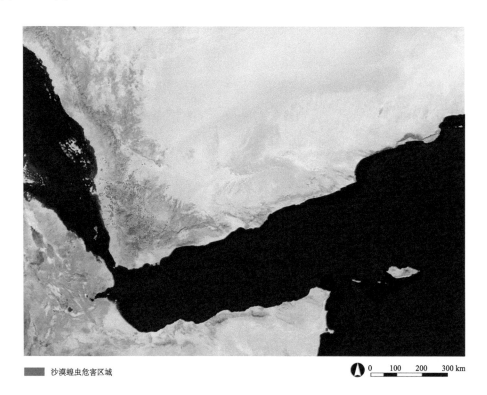

沙漠蝗虫危害区域　　　　　　　　　　　　0　100　200　300 km

图 4.9　2020 年 1 月也门沙漠蝗虫灾情遥感监测图

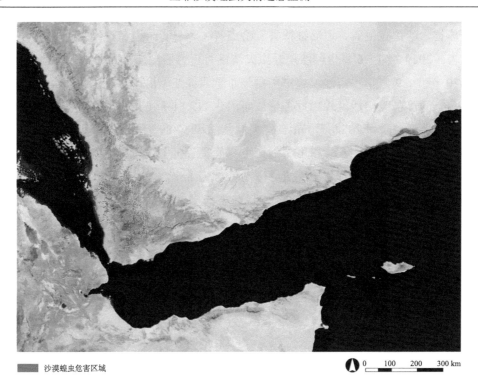

沙漠蝗虫危害区域　　　　　　　　　　　　　　0　　100　　200　　300 km

图 4.10　2020 年 2 月也门沙漠蝗虫灾情遥感监测图

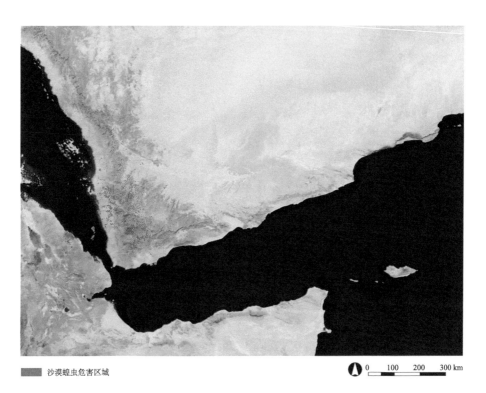

沙漠蝗虫危害区域　　　　　　　　　　　　　　0　　100　　200　　300 km

图 4.11　2020 年 3 月也门沙漠蝗虫灾情遥感监测图

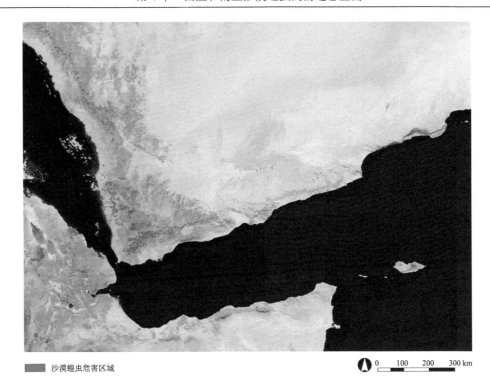

　沙漠蝗虫危害区域　　　　　　　　　　　　　　　　0　　100　　200　　300 km

图 4.12　2020 年 4 月也门沙漠蝗虫灾情遥感监测图

　沙漠蝗虫危害区域　　　　　　　　　　　　　　　　0　　100　　200　　300 km

图 4.13　2020 年 5 月也门沙漠蝗虫灾情遥感监测图

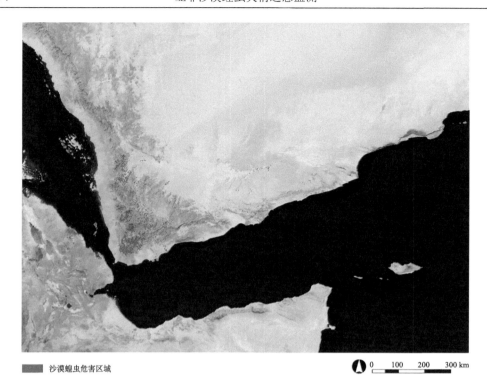

　　沙漠蝗虫危害区域　　　　　　　　　　　　　0　　100　　200　　300 km

图 4.14　2020 年 6 月也门沙漠蝗虫灾情遥感监测图

　　沙漠蝗虫危害区域　　　　　　　　　　　　　0　　100　　200　　300 km

图 4.15　2020 年 7 月也门沙漠蝗虫灾情遥感监测图

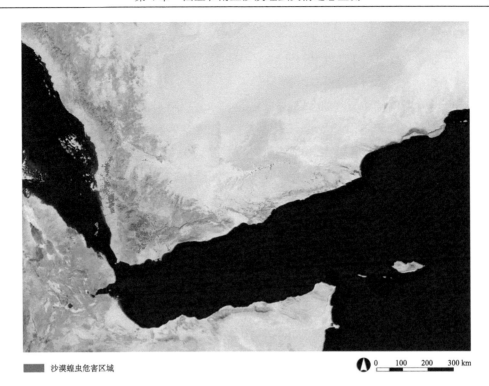

沙漠蝗虫危害区域　　　　　　　　　　　　0　　100　　200　　300 km

图 4.16　2020 年 8 月也门沙漠蝗虫灾情遥感监测图

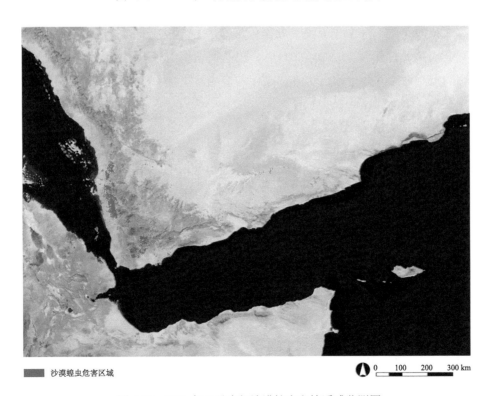

沙漠蝗虫危害区域　　　　　　　　　　　　0　　100　　200　　300 km

图 4.17　2020 年 9 月也门沙漠蝗虫灾情遥感监测图

4.2 巴基斯坦沙漠蝗虫灾情遥感监测

巴基斯坦伊斯兰共和国（The Islamic Republic of Pakistan），通称巴基斯坦，位于南亚次大陆东北部，东部与印度接壤，东北部与中国毗邻，西北部与阿富汗交界，西南部与伊朗相邻，南部濒临阿拉伯海。巴基斯坦行政区划为 4 个省和 2 个直辖地区，包括旁遮普省（Punjab）、信德省（Sindh）、开伯尔普赫图赫瓦省（Khyber Pakhtunkhwa）、俾路支省（Baluchistan）、联邦直辖部落地区（Federally Administered Tribal Areas）和伊斯兰堡特区（Islamabad）。

巴基斯坦地势由西北向东南倾斜，境内 3/5 为山地和高原，北有喜马拉雅山脉，西北有兴都库什山脉，东部为印度河中下游冲积平原，东南为塔尔沙漠的一部分。巴基斯坦大部分地区处于半干旱气候区，根据地理因素和气候的变化，可划分为 4 个主要的气候区域，即海洋热带沿海地区、亚热带大陆低地、亚热带大陆高地和亚热带大陆高原（ADB，2003）。巴基斯坦 6 月或 7 月温度最高，有时高于 38℃，12 月或 1 月温度最低，最小值为 4℃，年平均降水量约 494mm，7～9 月季风气候下的降水量约占全年降水量的60%（FAO，2011b）。

巴基斯坦的经济以农业为主，2019 年农业产值占国内生产总值的 19%，农业人口约占全国总人口的 66.5%（中华人民共和国外交部，2020e）。该国主要农产品有小麦、大米、豆类、棉花、甘蔗等（FAO，2011b）。巴基斯坦境内有水源的沙漠草原是沙漠蝗虫产卵发育的重点地区，其中印巴边界的塔尔沙漠为沙漠蝗虫的典型夏季繁殖区之一。

4.2.1 巴基斯坦沙漠蝗虫迁飞概况

2019 年 5 月，沙漠蝗虫从伊朗南部向巴基斯坦西南部入侵，在俾路支省进行小规模繁殖并形成小规模蝗群，之后继续向巴基斯坦东部迁移。6～9 月本地蝗虫与从伊朗入侵的蝗虫一起进入农业大省旁遮普省和信德省，之后信德省的蝗虫继续向东移动，到达印巴边界；其间伊朗南部的蝗虫持续向巴基斯坦入侵并陆续抵达纳拉县（Nara）、塔帕卡县（Tharparkar）、克里斯坦县（Cholistan）等地区并产卵，超长的夏季风带来的暖湿气候导致印巴边界夏季繁殖区的蝗虫持续孵化、成群。10～12 月，印巴边界的蝗群完成 3 代繁殖，并开始经俾路支省向伊朗南部和阿曼北部迁飞进行春季繁殖。11 月旁遮普省蝗虫向西北方向移动至开伯尔普赫图赫瓦省。

2020 年 1 月，印巴边界纳拉县、塔帕卡县、克里斯坦县等地的沙漠蝗虫持续繁殖，并向北迁飞至旁遮普省南部的巴哈瓦尔布尔（Bahawalpur）以北地区。2 月，蝗群向西北部迁飞至旁遮普省奥卡拉区（Okara）、开伯尔普赫图赫瓦省拉基玛瓦县（Lakki Marwat）

及德拉伊斯梅尔汗（Dera Ismail Khan）；2 月下旬，部分蝗群越过边界到达阿富汗霍斯特省（Khowst）境内，另一部分蝗群受气象条件影响向巴基斯坦西南部及伊朗南部迁飞。3 月，蝗群在巴基斯坦的图尔伯德（Turbat）、胡兹达尔（Khuzdar）等周边区域进行春季繁殖，伊巴边界的蝗群数量上升。4 月上旬，巴基斯坦的沙漠蝗虫主要位于俾路支省西南部，多为不成熟蝗群；4 月中旬，信德省和旁遮普省交界处、旁遮普省中北部、开伯尔普赫图赫瓦省南部出现蝗蝻，俾路支省西南部蝗虫发展为成熟蝗群；4 月下旬，沙漠蝗虫不断繁殖，旁遮普省、联邦直辖部落地区和信德省中南部出现成熟蝗虫；4 月底，印巴边界蝗虫开始向印度境内扩散。

2020 年 5～6 月，巴基斯坦西南部及北部的沙漠蝗虫持续进行春季繁殖，并向东、向南迁飞至印巴边界的夏季繁殖区，巴基斯坦西南部蝗群逐渐减少，同时伊朗南部和阿曼北部春季繁殖区的沙漠蝗虫亦不断向印巴边界迁飞，并逐渐向印度境内扩散。7 月，索马里的蝗群不断跨过阿拉伯海向印巴边界迁飞，加之本国西南部蝗群的不断迁入，印巴边界蝗虫规模不断变大，但大范围的繁殖主要在印度西部，巴基斯坦境内则主要分布于信德省东南部与印度交界的塔帕卡县，且多为蝗蝻带。

2020 年 8～12 月，伴随严格的调查和地面控制行动，加之蝗虫不断从夏季繁殖区向冬季繁殖区迁飞，巴基斯坦境内的沙漠蝗虫灾情逐渐得到控制，虽然信德省东南部沙漠蝗虫仍有小范围繁殖，但其规模已逐渐变小，蝗虫多为蝗蝻及蝗蝻带，聚集性蝗群逐步消失。本书针对巴基斯坦 2019 年 11 月～2020 年 7 月的沙漠蝗虫主要繁殖区和迁飞路径进行分析，其繁殖区分布及迁飞路径如图 4.18 所示。

4.2.2 巴基斯坦沙漠蝗虫灾情监测

本书分析了巴基斯坦沙漠蝗虫入侵路径、迁飞扩散时间、空间分布等，分析发现，沙漠蝗虫在 2019 年 12 月至 2020 年 7 月对巴基斯坦的植被造成了较严重危害，因此，本书主要对此时段内巴基斯坦沙漠蝗虫灾情进行时序遥感监测，具体监测结果如下。

2019 年 12 月～2020 年 2 月，沙漠蝗虫主要分布于巴基斯坦与印度交界处，即信德省东部及旁遮普省东南部，其他各省亦有小面积分布。研究发现，此时段内沙漠蝗虫共计危害巴基斯坦境内植被面积 52.68 万 hm^2。其中，农田面积 28.83 万 hm^2，占全国农田总面积的 1.1%；草地面积 23.85 万 hm^2，占全国草地总面积的 2.5%。信德省植被危害面积最大，为 28.27 万 hm^2；旁遮普省植被危害面积次之，为 15.26 万 hm^2；开伯尔普赫图赫瓦省和俾路支省的植被也遭受了一定面积的危害，分别为 7.06 万和 2.06 万 hm^2；联邦直辖部落地区遭受蝗虫危害的植被面积最小，为 0.03 万 hm^2。2019 年 12 月～2020 年 2 月巴基斯坦沙漠蝗虫灾情逐月遥感监测结果见图 4.19～图 4.21。

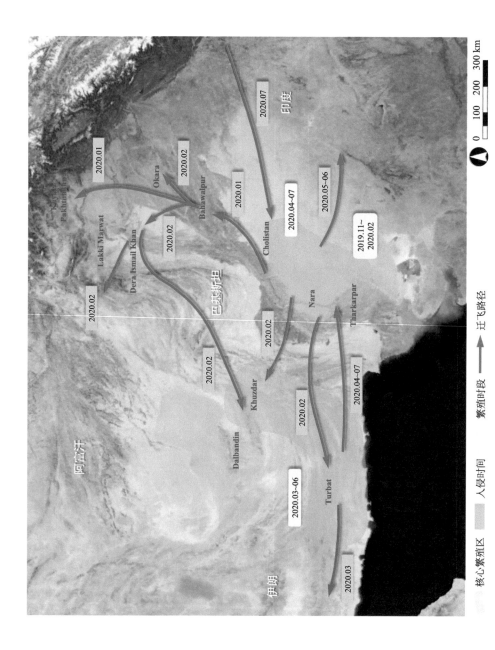

图 4.18 巴基斯坦沙漠蝗虫主要繁殖区和迁飞路径（2019 年 11 月～2020 年 7 月）

注：Khyber Pakhtunkhwa: 开伯尔普赫图赫瓦省；Lakki Marwat: 拉基玛赫瓦县；Dera Ismail Khan: 德拉伊斯梅尔汗；Okara: 奥卡拉区；Bahawalpur: 巴哈瓦尔布尔；Dalbandin: 达尔本丁；Khuzdar: 胡兹达尔；Nara: 纳拉县；Tharparkar: 塔帕卡县；Cholistan: 克里斯坦县；Turbat: 图尔伯德

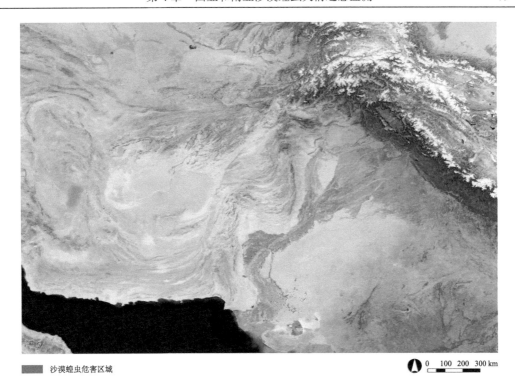

沙漠蝗虫危害区域　　　　　　　　　　　　　　0　100　200　300 km

图 4.19　2019 年 12 月巴基斯坦沙漠蝗虫灾情遥感监测图

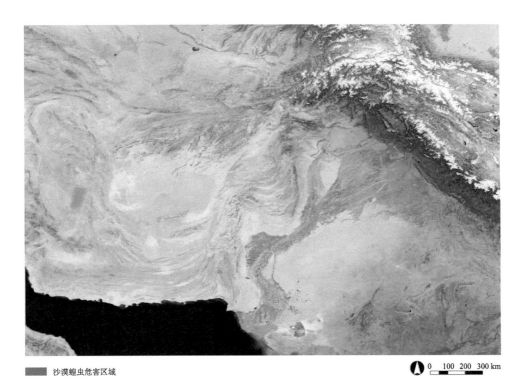

沙漠蝗虫危害区域　　　　　　　　　　　　　　0　100　200　300 km

图 4.20　2020 年 1 月巴基斯坦沙漠蝗虫灾情遥感监测图

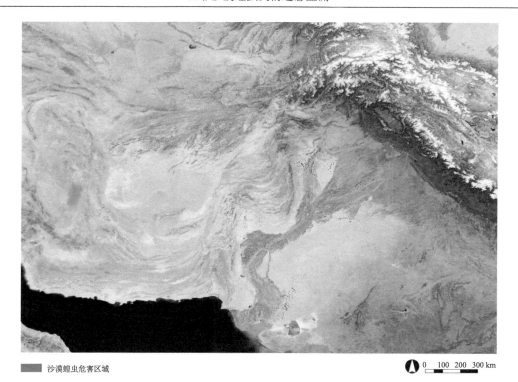

沙漠蝗虫危害区域　　　　　　　　　　　　　　　　　　0　100　200　300 km

图4.21　2020年2月巴基斯坦沙漠蝗虫灾情遥感监测图

　　2020 年 3～4 月，沙漠蝗虫已入侵巴基斯坦境内除伊斯兰堡特区以外的其他 4 个省和 1 个直辖地区，共计危害植被面积 90.52 万 hm²。其中，农田 57.17 万 hm²，草地 33.35 万 hm²，分别占全国农田、草地总面积的 2.2%和 3.4%。危害区主要位于巴基斯坦的中部及北部地区。其中，旁遮普省受灾面积最大，为 61.04 万 hm²；其次为俾路支省，受灾面积 10.76 万 hm²；再次为开伯尔普赫图赫瓦省，受灾面积 9.33 万 hm²；联邦直辖部落地区受灾面积为 7.99 万 hm²；信德省受灾面积最小，为 1.40 万 hm²。2020 年 3～4 月巴基斯坦沙漠蝗虫灾情逐月遥感监测结果见图 4.22～图 4.23。

　　2020 年 6～7 月，沙漠蝗虫已入侵巴基斯坦的全部省份和地区，并在境内邻近印巴边界的地区进行广泛的夏季繁殖，蝗群数量激增，巴基斯坦受灾面积大大增加，共计危害植被面积 126.07 万 hm²。其中，农田 87.97 万 hm²，草地 38.10 万 hm²，分别占全国农田、草地总面积的 3.4%和 3.9%。危害区主要分布于巴基斯坦东部的旁遮普省和信德省。其中，东南部信德省受灾面积最大，达 78.77 万 hm²；其次为旁遮普省，受灾面积为 33.14 万 hm²；再次为俾路支省和开伯尔普赫图赫瓦省，受灾面积分别为 6.64 万和 4.84 万 hm²；联邦直辖部落地区受灾面积 2.66 万 hm²；伊斯兰堡特区受灾面积最小，为 0.02 万 hm²。2020 年 6～7 月巴基斯坦沙漠蝗虫灾情逐月遥感监测结果见图 4.24～图 4.25。

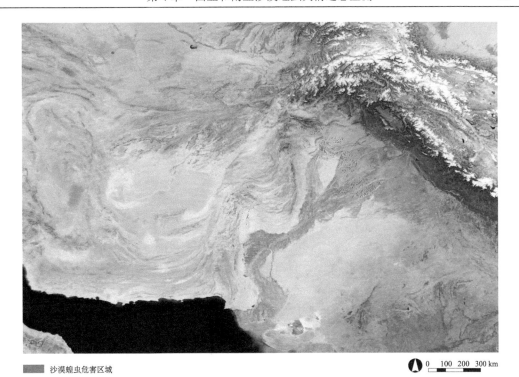

沙漠蝗虫危害区域　　　　　　　　　　　0　100　200　300 km

图 4.22　2020 年 3 月巴基斯坦沙漠蝗虫灾情遥感监测图

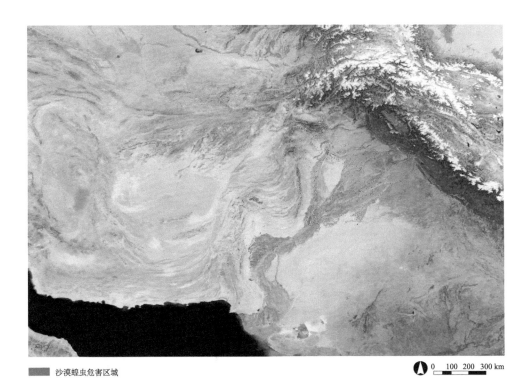

沙漠蝗虫危害区域　　　　　　　　　　　0　100　200　300 km

图 4.23　2020 年 4 月巴基斯坦沙漠蝗虫灾情遥感监测图

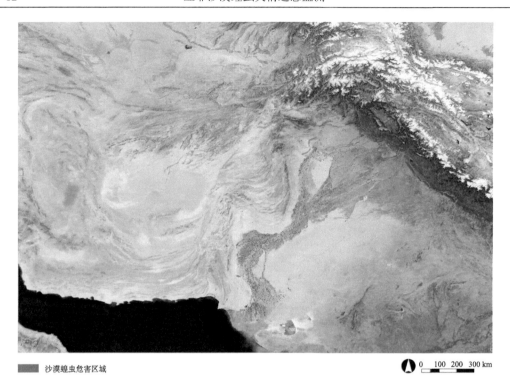

沙漠蝗虫危害区域　　　　　　　　　　　　　　0　100　200　300 km

图 4.24　2020 年 6 月巴基斯坦沙漠蝗虫危害区遥感监测图

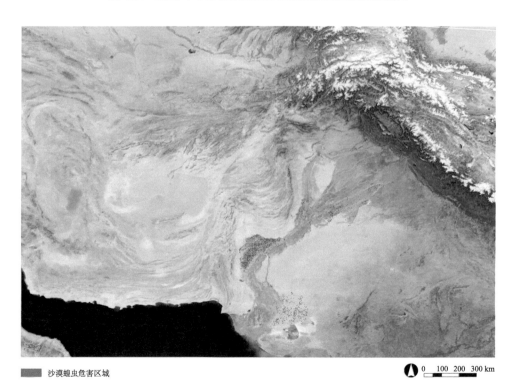

沙漠蝗虫危害区域　　　　　　　　　　　　　　0　100　200　300 km

图 4.25　2020 年 7 月巴基斯坦沙漠蝗虫危害区遥感监测图

4.3　印度沙漠蝗虫灾情遥感监测

印度共和国（The Republic of India），通称印度，位于亚洲南部，是世界上最大的半岛，全球第七大国家和第二大人口大国。其西北部与巴基斯坦接壤，北部与中国、尼泊尔和不丹接壤，东北部与缅甸和孟加拉国接壤，南部则濒临阿拉伯海、印度洋和孟加拉湾。印度行政区划有 28 个邦（states）和包括首都新德里（New Delhi）在内的 8 个联邦属地（Union Territories），其中本次蝗灾涉及的主要有拉贾斯坦邦（Rajasthan）、古吉拉特邦（Gujarat）、北方邦（Uttar Pradesh）、中央邦（Madhya Pradesh）、哈里亚纳邦（Haryana）、旁遮普邦（Punjab）、比哈尔邦（Bihar）和马哈拉施特拉邦（Mahārāshtra）共 8 个邦。

在地势上，印度从喜马拉雅山脉向南，一直延伸到印度洋，北部为喜马拉雅山脉地区，中部为印度河-恒河平原，南部是德干高原及其东西两侧的海岸平原。山地与高原大部分海拔不超过 1000m。印度大部分属于热带季风气候，而西部与巴基斯坦交界处的塔尔沙漠为热带沙漠气候。夏季有明显的季风，冬季受喜马拉雅山脉屏障影响，无寒冷气流或冷高压南下。

印度是农业大国，拥有全球 1/10 的可耕地，面积约 1.6 亿 hm²，总面积占国土面积的 52% 以上，农村人口占总人口的 70%。该国主要农作物有大米、小麦、玉米、黍稷、甘蔗、大麦等（FAO，2015b）。印度西部拉贾斯坦邦与巴基斯坦交界处塔尔沙漠为沙漠蝗虫的典型夏季繁殖区，易受蝗虫侵扰。

4.3.1　印度沙漠蝗虫迁飞概况

2018 年 7～9 月，印巴边界的降水为沙漠蝗虫的繁殖创造了适宜的生境环境，印度拉贾斯坦邦西部始见散居型沙漠蝗虫。

2019 年 6 月，拉贾斯坦邦西部本地蝗虫开始夏季繁殖，不断产卵、孵化并形成早期蝗群；同时，巴基斯坦和伊朗南部蝗虫不断向印巴边界迁飞。7～9 月，拉贾斯坦邦蝗虫经 2 代繁殖后种群数量进一步增加并逐渐向周围区域扩散，印度有关部门开始进行地面控制。10～12 月，部分蝗群在印巴边界完成 3 代繁殖，部分蝗群开始从印度向巴基斯坦西南部和伊朗东南部的春季繁殖区迁飞，部分越过阿拉伯海向阿曼南部迁移。

2020 年 1～4 月，蝗虫主要分布在印巴边界拉贾斯坦邦西部，古吉拉特邦北部与旁遮普邦西南部也有零星分布，随着控制行动，以及蝗群向伊朗南部、阿曼东部、也门南部等地迁飞，印度境内蝗群数量逐渐下降。5 月，巴基斯坦西部春季繁殖成群的蝗虫开始向印巴边界迁移，拉贾斯坦邦西部的蝗群不断聚集、扩大，并随孟加拉湾的阿姆潘（Amphan）气旋带来的西风继续向东迁飞至中央邦和马哈拉施特拉邦等中部地区。6 月，伊巴边界的成熟蝗群向印巴边界迁移并进行夏季繁殖，而中部的蝗虫开始随强烈的南风向印度北部迁飞并于 26 日到达与印度北方邦交界的尼泊尔南部派勒瓦（Bhairawa）境内。

2020 年 7 月，从巴基斯坦西南部迁飞至印度西部地区的沙漠蝗虫进行夏季繁殖，使当地种群数量持续增加，随后印度北部部分蝗群向西迁飞返回到印巴边界，另有少量蝗群继续向北迁飞至尼泊尔南部。8 月，印度西部地区的蝗群大量繁殖、孵化，蝗虫数量进一步增加，并于中旬形成了第 1 代夏季蝗群，于 9 月份形成了第 2 代夏季蝗群。

2020 年 9～12 月，随着印度和巴基斯坦两国密集的地面调查与强有力的联合防控，以及蝗虫从夏季繁殖区向冬季繁殖区的季节性迁飞，印度境内蝗虫逐渐得到控制，沙漠蝗虫灾情逐渐缓和并改善。本书针对印度沙漠蝗虫较为活跃的 2020 年 4～8 月的主要繁殖区和迁飞路径进行分析，其繁殖区及迁飞路径如图 4.26 所示。

4.3.2　印度沙漠蝗虫灾情监测

本书分析了印度沙漠蝗虫入侵路径、迁飞扩散时间、空间分布等，并对 2020 年 6～7 月对印度植被造成一定危害的时段进行沙漠蝗虫灾情时序遥感监测，具体监测结果如下。

2020 年 6 月，沙漠蝗虫主要位于印度西部的拉贾斯坦邦，中部有零星分布。监测结果表明，6 月沙漠蝗虫合计危害植被面积达 105.83 万 hm^2，其中危害农田面积 45.09 万 hm^2，危害草地面积 32.06 万 hm^2，危害灌丛面积 28.68 万 hm^2，分别占全国农田、草地和灌丛总面积的 0.2%、0.7% 和 1.6%。受灾区域主要位于印度西部拉贾斯坦邦和古吉拉特邦交界处。其中，拉贾斯坦邦南部受灾面积最大，为 63.07 万 hm^2；古吉拉特邦北部次之，受灾面积为 20.76 万 hm^2；再次为中央邦，受灾面积 17.66 万 hm^2；旁遮普邦和马哈拉施特拉邦受灾面积分别为 2.36 万和 1.01 万 hm^2；北方邦和哈里亚纳邦受灾面积合计 0.97 万 hm^2。2020 年 6 月印度沙漠蝗虫灾情遥感监测结果见图 4.27。

2020 年 7 月，蝗群由西向东扩散至印度中部和北部各邦。监测结果显示，7 月印度新增植被危害面积 95.77 万 hm^2，其中农田面积 51.07 万 hm^2，草地面积 24.65 万 hm^2，灌丛面积 20.05 万 hm^2，分别占全国农田、草地和灌丛总面积的 0.3%、0.5% 和 1.1%。受灾的各邦中，拉贾斯坦邦危害面积最大，为 64.39 万 hm^2；其次为哈里亚纳邦，危害面积为 12.06 万 hm^2；中央邦、北方邦和古吉拉特邦受害面积分别为 9.20 万、7.51 万和 2.61 万 hm^2。2020 年 7 月印度沙漠蝗虫灾情遥感监测结果见图 4.28。

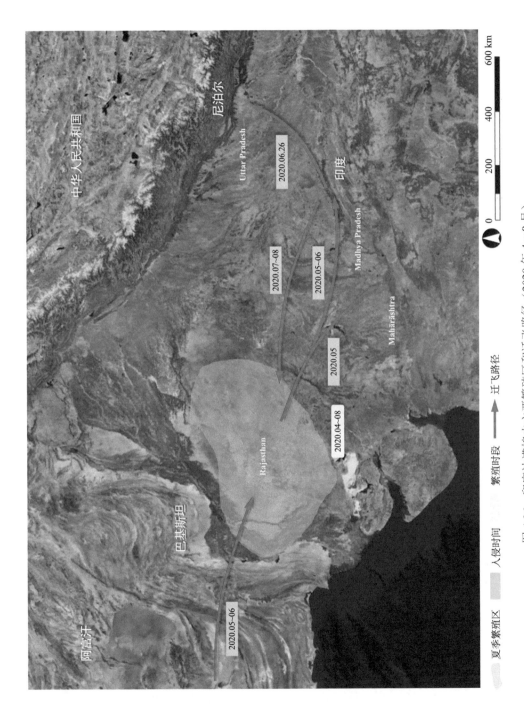

夏季繁殖区　　■ 入侵时间　　■ 繁殖时段　　→ 迁飞路径

图 4.26　印度沙漠蝗虫主要繁殖区和迁飞路径（2020 年 4～8 月）

注：Rajasthan：拉贾斯坦邦；Maharashtra：马哈拉施特拉邦；Madhya Pradesh：中央邦；Uttar Pradesh：北方邦

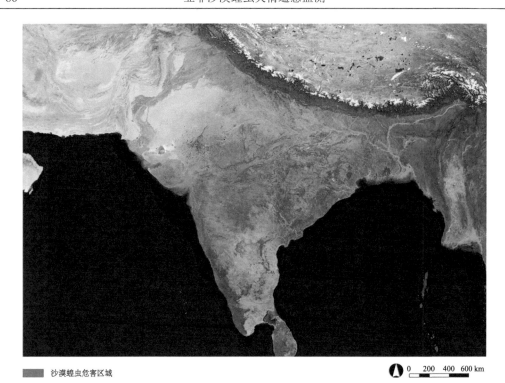

沙漠蝗虫危害区域　　　　　　　　　　　　　　0　200　400　600 km

图 4.27　2020 年 6 月印度沙漠蝗虫灾情遥感监测图

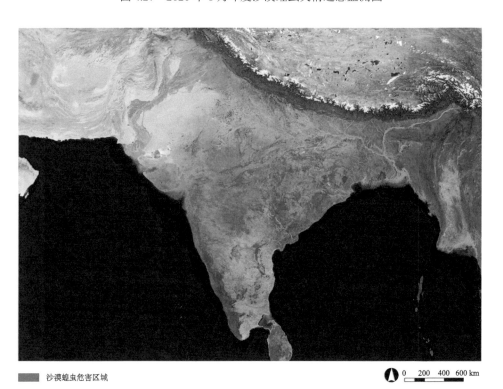

沙漠蝗虫危害区域　　　　　　　　　　　　　　0　200　400　600 km

图 4.28　2020 年 7 月印度沙漠蝗虫灾情遥感监测图

4.4　尼泊尔沙漠蝗虫灾情遥感监测

尼泊尔联邦民主共和国（Federal Democratic Republic of Nepal），通称尼泊尔，地处恒河流域，东、南、西三面被印度环绕，北与中国接壤。2015 年 9 月尼泊尔实行的宪法将全国分为 7 个省，但目前仅对其中的 5 个省进行了命名，其余两省尚未命名。为方便统计，本书沿用 2015 年之前的行政区划，即尼泊尔包括东部（Eastern）、中部（Central）、西部（Western）、中西部（Mid Western）和远西部（Far Western）5 个经济发展区，下设巴格马蒂（Bagmati）、佩里（Bheri）、道拉吉里（Dhaulagiri）、甘达基（Gandaki）、贾纳克布尔（Janakpur）、格尔纳利（Karnali）、戈希（Koshi）、蓝毗尼（Lumbini）、马哈卡利（Mahakali）、梅吉（Mechi）、纳拉亚尼（Narayani）、拉布蒂（Rapti）、萨加玛塔（Sagarmatha）、塞蒂（Seti）共 14 个专区。

尼泊尔国境呈长方形，海拔北高南低，北部为较高的山脉，海拔 4000m，中部为山地，海拔 1000～4000m，南部海拔较低，多为 1000m 以下的茂密林地。由于海拔不同，尼泊尔可分为北部高山、中部温带和南部亚热带 3 个气候区。北部冬季最低气温为–41℃，南部夏季最高气温为 45℃；年平均降水量为 1500mm，全年有两个雨季，一个在 6～9月，由西南季风导致，降水量占总降水量的 75%以上，另一个在 12 月～次年 2 月（FAO，2011c）。

尼泊尔是农业大国，农业人口占总人口的 82%，该国可耕地面积为 400 万 hm^2，占国土总面积的 17%，其中 34%的耕地位于南部的德赖（Terai）平原，48%的耕地分布于山地丘陵区（FAO，2011c）。该国主要农作物有小麦、水稻、玉米、甘蔗等，粮食自给率达 97%。本次沙漠蝗虫灾害主要为尼泊尔的南部平原区带来轻度危害，本书对沙漠蝗虫在尼泊尔的迁飞与危害情况进行了分析。

4.4.1　尼泊尔沙漠蝗虫迁飞概况

2020 年 6 月，伊巴边界的蝗虫持续向印巴边界迁移进行夏季繁殖，蝗虫随后向东迁飞至印度中部；下旬，印度中部的蝗虫随强烈的南风向印度北部迁飞，并于 26 日到达与印度北方邦交界的尼泊尔南部城市派勒瓦（Bhairawa）境内。此后几天内，蝗虫在尼泊尔中部低地不断扩散，从西部达格（Dang）到东部马奥塔里（Mahottari）均出现了种群密度初具规模但尚未成群的蝗虫，境内的巴拉（Bara）、萨拉希（Sarlahi）、帕萨（Parsa）、鲁潘德希（Rupandehi）等地均有蝗虫分布。部分蝗群分别于 27 日和 30 日到达喜马拉雅山脚下的布德沃尔（Butwal）和加德满都（Kathmandu）。

扩散危害区   入侵时间 → 迁飞路径

图 4.29 尼泊尔沙漠蝗虫主要扩散危害区和迁飞路径（2020 年 6~7 月）

注：Bhairawa: 派勒瓦；Butwal: 布德沃尔；Kathmandu: 加德满都；Dang: 达格；Gadhawa: 加达瓦；Mahottari: 马奥塔里

7 月上旬，受南风影响，印巴边界蝗虫继续向尼泊尔迁飞，印度北部北方邦的少量蝗群于 12 日到达尼泊尔中部平原达格区（Dang）的加达瓦（Gadhawa）地区；7 月中下旬，尼泊尔的部分蝗群随季风返回至印度拉贾斯坦邦的夏季繁殖区。8 月，尼泊尔的沙漠蝗虫灾情基本平息。

2020 年 6～7 月尼泊尔沙漠蝗虫主要扩散危害区和迁飞路径如图 4.29 所示。

4.4.2　尼泊尔沙漠蝗虫灾情监测

2020 年 6 月末进入尼泊尔的第一批蝗群对当地许多地区造成威胁，特别是印度和尼泊尔接壤处的德赖平原。本书分析了尼泊尔沙漠蝗虫入侵路径、迁飞扩散时间、空间分布等，并对 7 月尼泊尔沙漠蝗虫灾情进行遥感监测，具体监测结果如下。

2020 年 7 月，尼泊尔沙漠蝗虫危害植被面积达 7.01 万 hm^2，其中危害农田面积 5.90 万 hm^2，草地面积 0.71 万 hm^2，灌丛面积 0.40 万 hm^2，分别占全国农田、草地和灌丛总面积的 1.5%、0.5% 和 0.3%。其中，蓝毗尼区危害面积最大，为 2.33 万 hm^2；其次为纳拉亚尼区，危害面积 1.94 万 hm^2；再次为拉布蒂区和贾纳克布尔区，危害面积分别为 1.38 万和 1.09 万 hm^2；巴格马蒂区和佩里区危害面积较小，分别为 0.14 万和 0.13 万 hm^2（图 4.30）。

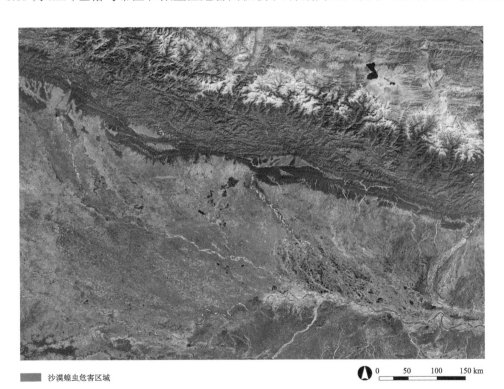

沙漠蝗虫危害区域　　　　　　　　0　　50　　100　　150 km

图 4.30　2020 年 7 月尼泊尔沙漠蝗虫灾情遥感监测图

第 5 章　亚非沙漠蝗虫灾情遥感监测系统与应用

　　亚非沙漠蝗虫灾情遥感监测可以为保障全球粮食安全，维护生态系统稳定，促进可持续发展提供数据和方法支撑。为提升灾情监测的自动化和智能化程度，本章基于云平台技术设计研发了亚非沙漠蝗虫灾情遥感监测系统，并开展应用。

　　近年来，云平台技术的发展和普及为遥感技术在实际生产中的应用提供了新的契机，其强大的数据存储能力、在线计算能力以及多个云平台之间快速便捷的部署和管理方式为遥感监测方法、模型、数据和产品的推广应用提供了必要条件。云平台最初被亚马逊网络服务和赛福时（Salesforce.com）所应用，分别以基础设施即服务（infrastructure as a service，IaaS）和软件即服务（software as a service，SaaS）的形式出现。随着云平台的发展以及谷歌应用引擎（Google App Engine）的加入，平台即服务（platform as a service，PaaS）的形式逐渐形成，并且成了云平台技术中发展最快的领域。云平台在数据管理、在线运算和产品生产中拥有较大的优势，由于云平台的数据分布存储在不同的服务器中并由管理员统一进行管理和备份，因此其数据和设备的管理成本较低，数据安全性较强，且能够满足海量空间数据的存储需求。此外，云平台拥有大量的计算服务器，在模型运

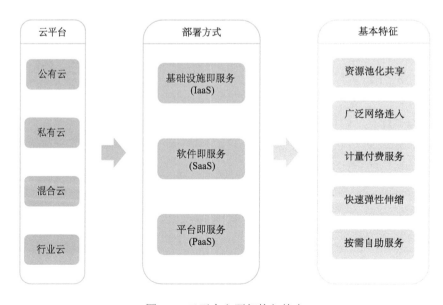

图 5.1　云平台主要架构与特点

算和产品生产方面有较强的计算弹性和可扩展性；针对不同时段、不同地区的产品生产需求，云平台能够按需提供计算资源并扩展计算能力，保障服务的稳定性，同时避免不必要的资源浪费。云平台的上述优势为基于遥感技术的沙漠蝗虫灾情监测产品生产与共享提供了条件，也使大范围虫害及时精准定量监测成为可能。图 5.1 展示了云平台的主要架构与特点。

5.1　亚非沙漠蝗虫灾情遥感监测系统设计

5.1.1　系统架构

亚非沙漠蝗虫灾情遥感监测系统集成了海量多源数据、数据处理与分析模型、多层次灾情监测模型、灾情专题图和科学报告等产品，实现了从数据到产品服务的全链路。系统采用了基于云平台的 3 层浏览器/服务器体系结构（browser/server，BS），主要包括客户层、应用层和数据层。系统采用 BS 架构能够以一对多的形式进行服务传输和请求反馈，在这种架构下用户无须在本地安装客户端软件，仅需通过浏览器即可访问云平台中的数据和服务。系统的应用层和数据层均部署在云平台中，应用层负责向用户浏览器发送和接收服务及请求信息，同时向数据层传递数据处理及检索等请求；数据层依托云平台中强大的空间数据库进行构建，数据层存储着遥感、气象、植保、生态等海量时空数据，同时管理着系统生产的所有沙漠蝗虫灾情监测产品。客户层、应用层和数据层相互关联，建成了亚非沙漠蝗虫灾情遥感监测系统的基本框架。图 5.2 展示了亚非沙漠蝗虫灾情遥感监测系统的架构。

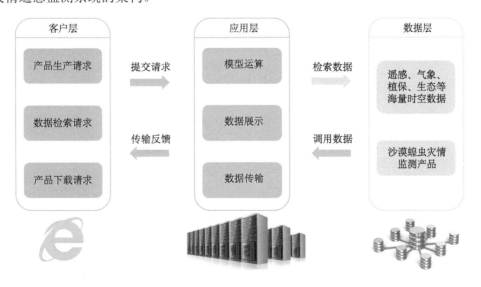

图 5.2　亚非沙漠蝗虫灾情遥感监测系统架构

5.1.2 数据存储与处理

系统集成了中国科学院空天信息创新研究院（以下简称"空天院"）的数据存储与计算资源。在数据存储方面，空天院拥有我国重大基础设施遥感卫星地面站，密云站、喀什站、三亚站、漠河站、北极站等联合接收几十颗国内外陆地观测和空间科学卫星数据，并与美国、加拿大、日本、印度、法国、欧空局等在对地观测数据基础设施建设和共享等方面开展了广泛深入的合作。空天院现已积累了全球多源多尺度长时间序列的遥感影像数据集，保存的对地观测卫星数据资料达 170 余万景，是我国最大的对地观测卫星数据档案库。在计算资源方面，空天院拥有先进、完备的计算机集群、超算资源，以及专业的遥感图像处理及数据分析软件，并掌握了大数据云管理和云服务的关键技术；且在基于人工智能的遥感影像处理与信息挖掘等方面具有扎实的研究实力。综上，强大的数据存储能力和丰富的计算资源为亚非沙漠蝗虫灾情遥感监测系统的建设和运行提供了软硬件保障。

亚非沙漠蝗虫灾情遥感监测系统的数据处理主要包括遥感数据预处理、多源数据融合、灾情监测模型运行等。当系统进行数据处理时，云平台会将整体任务拆分为多个子任务并交由多个服务器组成的系统进行处理。系统中的数据处理流程通过实时流计算（cloud stream，CS）服务实现，CS 的主要架构如图 5.3 所示。该服务是运行在公有云上的实时流式大数据分析服务，具有低时延（ms 级时延）、高吞吐、高可靠的特点，其以 Flink 为基础，是批流合一的分布式计算服务，提供了数据处理所必需的 Stream SQL 特性。

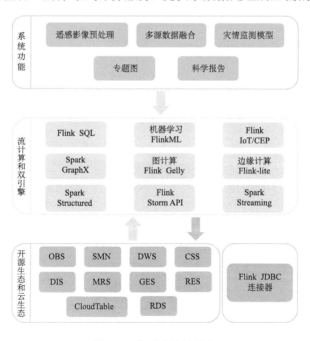

图 5.3　实时流计算服务

5.1.3 产品生产与可视化

在计算得到亚非沙漠蝗虫灾情遥感监测结果后，系统基于 ArcGIS Server 进行数据渲染和专题图设计，进而服务于科学报告生产。ArcGIS Server 是 ArcGIS 针对网络 GIS 服务提供的开发及应用工具，包含有大部分 ArcGIS 的数据运算及管理功能（李靖，2013），其服务架构如图 5.4 所示。ArcGIS Server 部署在云平台以后，使用云平台的多个客户层浏览器均可通过云计算与云服务的形式调用 ArcGIS Server 的相关 GIS 服务并完成产品的生产与可视化。

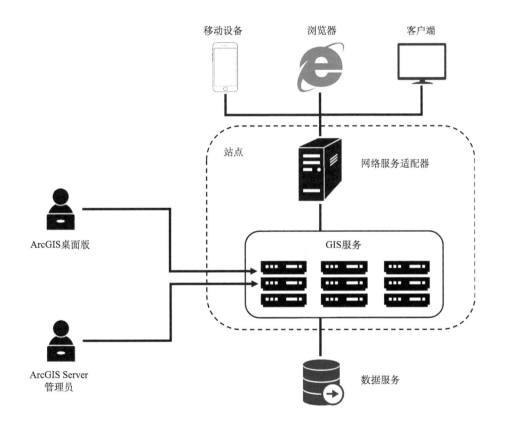

图 5.4 ArcGIS Server 服务架构

亚非沙漠蝗虫灾情遥感监测系统的可视化功能采用基于 WebGL 技术的 Cesiumjs 实现。Cesiumjs 是一款面向 3D 地球和地图的 JavaScript 开源产品，该产品提供了基于 JavaScript 语言的开发包，方便用户快速搭建零插件的虚拟地球 Web 应用（Višnjevac et al.，2019）。Cesium ion 是提供瓦片图和 3D 地理空间数据的平台，Cesiumlab 是专为 Cesiumjs 设计的免费数据处理工具集，两者互相配合实现了 Cesiumjs 的主要功能。使用 Cesiumjs

可以在浏览器端显示海量影像数据、三维模型数据、地形高程数据、矢量数据等，图 5.5 为 Cesiumjs 数据展示流程。

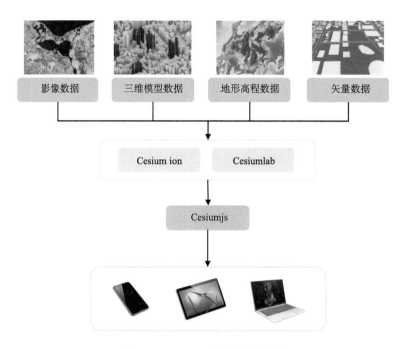

图 5.5　Cesiumjs 数据展示流程

　　亚非沙漠蝗虫灾情遥感监测系统在数据可视化时使用 Keyhole 标记语言（Keyhole Markup Language，KML）文件进行数据组织。KML 是基于可扩展标记语言（eXtensible Markup Language，XML）语法的标记语言（Yamagishi et al.，2010），是开源文件格式，其运行机制如图 5.6 所示。KML 用于描述和保存地理信息，具有如下功能特性。

　　（1）组织点、线、多边形等矢量数据。

　　（2）设置矢量数据的风格，例如颜色、线形、透明度等。

　　（3）以外链方式嵌入图像，对于大图像也可以以金字塔方式嵌入。

　　（4）所有要素都可以设置时间标签，从而展示引擎可通过时间筛选展示需要的要素。

　　此外，亚非沙漠蝗虫灾情遥感监测系统利用 KML 文件实现了沙漠蝗虫主要繁殖区和迁飞路径的动态展示。首先，系统将监测结果中的沙漠蝗虫主要繁殖区和迁飞路径利用 KML 文件进行范围和地理位置的表达；然后，在 KML 文件中通过建立时间标签和风格标签记录各个 KML 文件出现的时间信息和展示效果；最后，采用逐日推演算法，令沙漠蝗虫主要繁殖区的各个 KML 文件在设定的时间点出现；同时，基于沙漠蝗虫迁飞路径的地理坐标信息，采用样条插值算法，实现迁飞路径的动态展示。

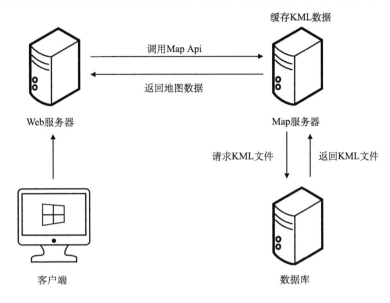

图 5.6　KML 文件运行机制

5.2　亚非沙漠蝗虫灾情遥感监测系统应用实例

5.2.1　系统界面与功能

　　亚非沙漠蝗虫灾情遥感监测系统主界面背景为 3D 地球。顶部为系统 logo 及名称，用户在主界面可以进行漫游、缩放、定位等地图交互的基本操作。在界面的底部中央有检索图标◉，用户点击该图标即可唤醒系统的功能模块，系统目前共有三个功能模块，分别为"数据查询"、"查询结果"和"报告下载"。此外，系统拥有中文和英文两个版本，用户在访问时只需点击主界面右下角的◔或◔按钮即可实现中英文的切换，图 5.7 和图 5.8 分别为亚非沙漠蝗虫灾情遥感监测系统主界面的中文和英文版本。

　　用户在浏览亚非沙漠蝗虫灾情遥感监测系统时，可以通过"数据查询"模块对感兴趣的地区和时间段进行设定，图 5.9 为数据查询界面。"数据查询"模块包含"区域选择"和"时间选择"两个子模块。对于"区域选择"模块，用户有两种方式对区域进行设定，一种是在文字输入框中手动输入地区或国家名称，另一种是在系统提供的选项中进行勾选，目前系统提供的选项有亚非区域、也门、埃塞俄比亚、索马里、巴基斯坦、印度、肯尼亚和尼泊尔，当用户选择"亚非区域"时，则无法选择其他国家；当用户不选择"亚非区域"时，则可以选择一个或多个国家进行数据查询。对于"时间选择"模块，用户也有两种方式进行设定，一种是在时间选择框中设定查询的起止时间，当点击时间选择框后即会弹出时间选择器，用户可通过点击具体的年份和月份对时间进行设定；另一种是通过时间选择框下方的"时间滑块"来进行时间范围的设定，当用户双击"时间滑块"

图5.7 亚非沙漠蝗虫灾情遥感监测系统主界面（中文版）

图5.8 亚非沙漠蝗虫灾情遥感监测系统主界面（英文版）

的左右两端时均可弹出时间选择器供用户对查询的起止时间进行设定，当用户单击并拖动"时间滑块"的左右两端时同样可以拉伸或缩短时间范围。"时间滑块"展示区中绿色的区域即为用户设定的时间段，其中高亮显示的区域为存在亚非沙漠蝗虫灾情遥感监测产品的产品时间段。当用户完成区域和时间设定后，点击模块底部的"开始查询"按钮，系统便会进行产品检索并在"查询结果"和"报告下载"中展示符合搜索条件的亚非沙漠蝗虫灾情遥感监测产品。

图 5.9　"数据查询"界面

　　"查询结果"和"报告下载"模块会通过列表的方式展示亚非沙漠蝗虫灾情遥感监测产品。其中,"查询结果"模块包括"迁飞路径"和"灾情监测"两个子模块,用于展示沙漠蝗虫迁飞路径和灾情遥感监测结果。截至 2020 年 12 月,系统共有 9 个沙漠蝗虫迁飞路径产品、57 个沙漠蝗虫灾情遥感监测产品和 14 期中英双语科学报告。用户可通过点击"迁飞路径"或"灾情监测"产品列表左侧的按钮,将沙漠蝗虫迁飞路径或灾情遥感监测结果加载至 3D 地球浏览,其中迁飞路径产品会以动态效果进行展示,当用户选择产品时左侧按钮变为。此外,用户可通过点击沙漠蝗虫灾情遥感监测产品和报告右侧的按钮下载相应产品,便于线下分析和应用。图 5.10 展示了系统的"查询结果"和"报告下载"模块界面。

5.2.2　系统应用案例

　　以 2020 年 1~12 月亚非沙漠蝗虫灾情遥感监测产品查询与下载为例,对亚非沙漠蝗虫灾情遥感监测系统的使用进行说明。用户首先通过 http://desertlocust.rscrop.com 访问系统,在"数据查询"界面输入查询条件,其中区域选择"亚非区域",时间设置为"2020年 1 月"至"2020 年 12 月",然后点击底部的"开始查询"按钮。系统将检索符合用户条件(2020 年 1~12 月亚非区域)的沙漠蝗虫灾情遥感监测产品,检索完成后结果在"查询结果"和"报告下载"模块以列表形式展示,其中"查询结果"模块中的"迁飞路径"子模块的列表中共包含 8 个检索结果,分别为"亚非沙漠蝗虫迁飞路径(2020 年 1 月~

2020 年 12 月）"、"也门沙漠蝗虫迁飞路径（2018 年 5 月～2020 年 11 月）"、"埃塞俄比亚沙漠蝗虫迁飞路径（2019 年 6 月～2020 年 7 月）"、"索马里沙漠蝗虫迁飞路径（2019 年 6 月～2020 年 6 月）"、"巴基斯坦沙漠蝗虫迁飞路径（2019 年 11 月～2020 年 7 月）"、"肯尼亚沙漠蝗虫迁飞路径（2019 年 12 月～2020 年 6 月）"、"印度沙漠蝗虫迁飞路径（2020 年 4 月～2020 年 8 月）"和"尼泊尔沙漠蝗虫迁飞路径（2020 年 6 月～2020 年 7 月）"。"查询结果"模块中"灾情监测"子模块的列表中包含也门、埃塞俄比亚、索马里、巴基斯坦、印度、肯尼亚和尼泊尔共 7 个国家的沙漠蝗虫灾情遥感监测结果合计 42 个。此外，"报告下载"模块共包含 14 期科学报告，具体查询条件及结果如图 5.11 所示。

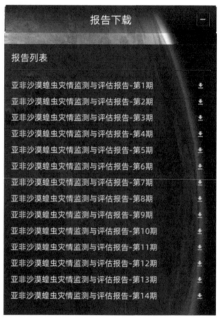

(a) "查询结果"模块界面　　　　　　　(b) "报告下载"模块界面

图 5.10　"查询结果"模块界面和"报告下载"模块界面

在"迁飞路径"子模块列表中，点击"亚非沙漠蝗虫迁飞路径（2020 年 1 月～2020 年 12 月）"左侧的按钮，该路径将在 3D 地球上动态展示，显示效果见图 5.12。地图中　　　为沙漠蝗虫核心繁殖区，　　为沙漠蝗虫迁飞路径；在沙漠蝗虫核心繁殖区和迁飞路径的旁边有时间标签，分别显示了沙漠蝗虫的繁殖时段和迁飞时段。在"灾情监测"子模块列表中，点击"也门沙漠蝗虫灾情遥感监测（2020 年 6 月）"左侧的按钮，该监测产品将会展示在 3D 地球上，显示效果如图 5.13 所示，其中　　即为也门在 2020 年 6 月的沙漠蝗虫危害区域。

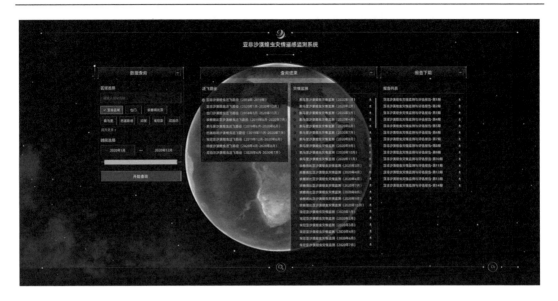

图 5.11　2020 年 1 月至 12 月亚非地区沙漠蝗虫灾情遥感监测产品查询

图 5.12　"亚非沙漠蝗虫迁飞路径（2020 年 1 月～2020 年 12 月）"展示效果

针对查询条件，"报告下载"模块共展示了 14 期科学报告，对 2020 年 1～12 月亚非地区以及重点受灾国家的蝗情进行定量分析，其中报告主要包括沙漠蝗虫繁殖区和繁殖时段，沙漠蝗虫入侵路径、迁飞扩散时间和空间分布，以及沙漠蝗虫灾情时序监测等内容。

图 5.13 "也门沙漠蝗虫灾情监测（2020 年 6 月）"展示效果

5.2.3 产品共享与服务发布

2020 年，亚非沙漠蝗虫灾情遥感监测系统利用中国高分（GF）系列卫星数据、美国 Landsat 与 MODIS 数据、欧空局 Sentinel 系列卫星数据等，结合全球气象数据、地面调查数据、基础地理数据、生态数据等，通过云平台大数据分析处理，持续开展了大面积蝗虫灾情动态监测。对亚非地区，以及蝗灾重点危害国家（也门、埃塞俄比亚、索马里、巴基斯坦、印度、肯尼亚、尼泊尔）的沙漠蝗虫繁殖、迁飞的时空分布进行了监测，对沙漠蝗虫造成的危害进行了定量分析。截至 2020 年 12 月，亚非沙漠蝗虫灾情遥感监测系统已经发布了 14 期遥感产品和报告，具体信息如表 5.1 和图 5.14 所示。

表 5.1 亚非沙漠蝗虫灾情遥感监测产品

期数	监测时段	覆盖地域	空间分辨率/m	文件类型
1	2018 年 1 月～2020 年 2 月	亚非地区 重点危害国家：巴基斯坦	250	GeoTiff
2	2019 年 6 月～2020 年 2 月	亚非地区 重点危害国家：埃塞俄比亚、巴基斯坦	1000	GeoTiff
3	2020 年 1～3 月	重点危害国家：肯尼亚、埃塞俄比亚	500	GeoTiff
4	2019 年 6 月～2020 年 3 月	重点危害国家：索马里、巴基斯坦	500	GeoTiff
5	2019 年 2 月～2020 年 4 月	重点危害国家：也门、埃塞俄比亚	500	GeoTiff

续表

期数	监测时段	覆盖地域	空间分辨率/m	文件类型
6	2019 年 4 月~2020 年 4 月	重点危害国家：巴基斯坦、索马里	500	GeoTiff
7	2020 年 3~5 月	重点危害国家：肯尼亚、埃塞俄比亚	500	GeoTiff
8	2020 年 4~5 月	亚非地区 重点危害国家：也门	500	GeoTiff
9	2020 年 6 月	重点危害国家：印度、埃塞俄比亚、肯尼亚、也门、巴基斯坦、索马里	500	GeoTiff
10	2020 年 7 月	重点危害国家：印度、巴基斯坦、尼泊尔	500	GeoTiff
11	2020 年 8 月	重点危害国家：埃塞俄比亚、肯尼亚	500	GeoTiff
12	2020 年 9 月	重点危害国家：索马里、也门	500	GeoTiff
13	2020 年 9~10 月	重点危害国家：埃塞俄比亚	500	GeoTiff
14	2020 年 10~11 月	重点危害国家：索马里	500	GeoTiff

图 5.14 亚非沙漠蝗虫灾情遥感监测与评估报告

2020 年，系统发布的沙漠蝗虫灾情遥感监测数据集和"亚非沙漠蝗虫灾情监测与评估"科学报告，在地球大数据科学工程专项网站 http://data.casearth.cn/的"亚非沙漠蝗虫灾情监测与评估"专题公开共享（图 5.15）。成果获得了联合国粮食及农业组织（FAO）和全球生物多样性信息网络（global biodiversity information facility，GBIF）的持续采用，FAO 和 GBIF 分别将沙漠蝗虫灾情遥感监测产品同步收录在 https://data.apps.fao.org/和 https://www.gbif.org/，数据集引用 DOI 为 10.15468/2f9tmk（图 5.16~图 5.17）。沙漠蝗虫灾情遥感监测产品为多国联合虫害防控以保障生态系统安全和生物多样性，共建地球生命共同体提供了科技支撑，为保障全球粮食安全和人类福祉贡献了科技力量。

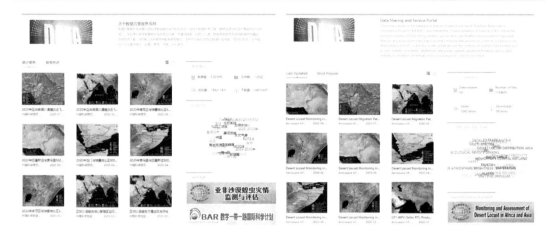

图 5.15   地球大数据科学工程"亚非沙漠蝗虫灾情监测与评估"专题

注：据 http://data.casearth.cn/

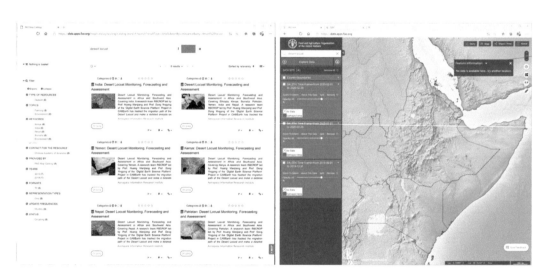

图 5.16   联合国粮食及农业组织采用沙漠蝗虫灾情遥感监测产品

注：据 https://data.apps.fao.org/

图 5.17　全球生物多样性信息网络采用沙漠蝗虫灾情遥感监测产品

注：据 https://www.gbif.org/

参 考 文 献

陈健, 倪绍祥, 李云梅. 2008. 基于神经网络方法的芦苇叶面积指数遥感反演. 国土资源遥感, 72 (2): 62-67.

黄文江, 董莹莹, 赵龙龙, 等. 2020. 蝗虫遥感监测预警研究现状与展望. 遥感学报, 24 (10): 1270-1279.

季荣, 张霞, 谢宝瑜, 等. 2003. 用 MODIS 遥感数据监测东亚飞蝗灾害——以河北省南大港为例. 昆虫学报, 46 (6): 713-719.

李靖. 2013. 基于 ArcGIS Server 的经济数据专题图 Web 发布研究. 成都: 电子科技大学硕士学位论文.

王琛. 2008. 与大自然零接触 航拍肯尼亚. 影像视觉, (4):136-139.

王生位, 周亚东, 孟宏虎, 等. 2019. 魅力肯尼亚——揭秘东非植物的多样性. 大自然, 210 (6): 76-83.

向茂森, 谭炳卿. 1989. 埃塞俄比亚水文气象特征. 治淮, (1): 47-48.

谢小燕, 邓雪华, 杜臻嘉. 2020. 沙漠蝗虫发生动态与防治进展. 中国农业文摘·农业工程, 32 (5): 66-67.

于红妍, 石旺鹏. 2020. 沙漠蝗灾发生、监测及防控技术进展. 植物保护学报, 1-14.

赵凤杰. 2014. 高光谱在草地蝗虫监测中的应用研究. 北京: 中国农业科学院硕士学位论文.

中华人民共和国外交部. 2020a. 索马里国家概况 (2020 年 10 月更新). https://www.fmprc.gov.cn/web/gjhdq_676201/gj_676203/fz_677316/1206_678550/1206x0_678552/ [2020-12-26].

中华人民共和国外交部. 2020b. 埃塞俄比亚国家概况 (2020 年 10 月更新). https://www.fmprc.gov.cn/web/gjhdq_676201/gj_676203/fz_677316/1206_677366/1206x0_677368/ [2020-12-26].

中华人民共和国外交部. 2020c. 肯尼亚国家概况 (2020 年 10 月更新).https://www.fmprc.gov.cn/web/gjhdq_676201/gj_676203/fz_677316/1206_677946/1206x0_677948/ [2020-12-26].

中华人民共和国外交部. 2020d. 也门国家概况 (2020 年 9 月更新). https://www.fmprc.gov.cn/web/gjhdq_676201/gj_676203/yz_676205/1206_677124/1206x0_677126/ [2020-12-26].

中华人民共和国外交部. 2020e. 巴基斯坦国家概况 (2020 年 4 月更新). https://www.fmprc.gov.cn/web/gjhdq_676201/gj_676203/yz_676205/1206_676308/1206x0_676310/ [2020-12-26].

邹文雪. 2019. 情感的社会建构: 《纽约时报》对索马里饥荒的报道策略研究 (1960-2017).武汉: 武汉大学硕士学位论文.

郑晓梅. 2019. 基于多平台遥感的东亚飞蝗灾害监测研究. 杭州: 浙江大学硕士学位论文.

周亚东. 2017. 东非肯尼亚山维管束植物多样性调查和编目. 武汉: 中国科学院武汉植物园博士学位论文.

ADB (Asian Development Bank). 2003. Preparing for decisions on land use and forestry, Pakistan Report. Paper presented at workshop on forests and climate change, 16~17 October 2003, at COP9 Traders Hotel, Manila, Philippines, Asian Development Bank 2003.

Arthur C. 1989. Lakes of the Rub' al-Khali. Saudi Aramco World, 40 (3): 28-33.

Bryceson K P. 1990. Digitally processed satellite data as a tool in detecting potential Australian plague locust outbreak areas. Journal of Environmental Management, 30 (3): 191-207.

Cherlet M, Mathoux P, Bartholomé E, et al. 2000. Spot vegetation contribution to desert locust habitat monitoring// Proceedings of the VEGETATION 2000 Conference. Italy: Lake Maggiore: 247-257.

Cressman K. 2008. The use of new technologies in desert locust early warning. Outlooks on Pest Management, 19 (2): 55-59.

Cressman K. 2013. Role of remote sensing in desert locust early warning. Journal of Applied Remote Sensing, 7 (1): 75-98.

Cressman K. 2016. desert locust // Shorder J F, Sivanpillai R. Biological and Environmental Hazards, Risks, and Disasters (4.2). USA: Elsevier: 87-105.

Despland E, Rosenberg J, Simpson S J. 2004. Landscape structure and locust swarming: a satellite's eye view. Ecography, 27 (3): 381-391.

Deveson E D. 2013. Satellite normalized difference vegetation index data used in managing Australian plague locusts. Journal of Applied Remote Sensing, 7 (1): 075096.

Deveson T, Hunter D. 2002. The operation of a GIS-based decision support system for Australian locust management. Insect Science, 9 (4): 1-12.

Dutta D, Bhatawdekar S, Chandrasekharan B, et al. 2004. Geo-limis-a decision support system for minimizing locust impact in republic of Kazakhstan. Journal of the Indian Society of Remote Sensing, 32 (1): 25-47.

Eltoum M, Dafalla M, Hamid A. 2014. Detection of change in vegetation cover caused by desert locust in Sudan // SPIE Proceeding Asia Pacific Remote Sensing. Beijing, China: SPIE.

Escorihuela M J, Merlin O, Stefan V, et al. 2018. SMOS based high resolution soil moisture estimates for desert locust preventive management. Remote Sensing Applications: Society and Environment, 11: 140-150.

FAO. 2005. AQUASTAT Survey – Irrigation in Africa in Figures. Food and Agriculture Organization of the United Nations (FAO). Rome, Italy: FAO.

FAO. 2008. AQUASTAT Country Profile – Yemen. Food and Agriculture Organization of the United Nations (FAO). Rome, Italy: FAO.

FAO. 2011a. AQUASTAT Survey – Irrigation in Southern and Eastern Asia in Figures. Food and Agriculture Organization of the United Nations (FAO). Rome, Italy: FAO.

FAO. 2011b. AQUASTAT Country Profile – Pakistan. Food and Agriculture Organization of the United Nations (FAO). Rome, Italy: FAO.

FAO. 2011c. AQUASTAT Country Profile – Nepal. Food and Agriculture Organization of the United Nations (FAO). Rome, Italy: FAO.

FAO. 2014. AQUASTAT Country Profile – Somalia. Food and Agriculture Organization of the United Nations (FAO). Rome, Italy: FAO.

FAO. 2015a. AQUASTAT Country Profile – Kenya. Food and Agriculture Organization of the United Nations (FAO). Rome, Italy: FAO.

FAO. 2015b. AQUASTAT Country Profile – India. Food and Agriculture Organization of the United Nations

(FAO). Rome, Italy: FAO.

FAO. 2016a. AQUASTAT Country Profile – Ethiopia. Food and Agriculture Organization of the United Nations (FAO). Rome, Italy: FAO.

FAO. 2016b. Weather and desert locusts. https://reliefweb.int/report/world/weather-and-desert-locusts [2020-12-23].

FAO. 2017. Desert locust plagues. http://www.fao.org/ag/locusts/en/archives/2331/index.html [2020-12-23].

FAO. 2020a. Locust watch, Desert Locust Bulletin. http://www.fao.org/ag/locusts/en/archives/archive/index.html [2020-12-23].

FAO. 2020b. Desert locust. http://www.fao.org/locusts/zh/ [2020-12-23].

FAO. 2020c. Desert locust bulletin. http://www.fao.org/ag/locusts/en/archives/archive/index.html [2020-12-24].

FAO. 2020d. Desert Locust Upsurge – Progress Report on the Response in the Greater Horn of Africa and Yemen (May–August 2020). Rome: FAO.

Forskål. 1775. species schistocerca gregaria: orthoptera species file. http://orthoptera.speciesfile.org/Common/basic/Taxa.aspx? TaxonNameID=1112359 [2020-12-23].

FSIN and Global Network Against Food Crises. 2020. Global report on food crises 2020 September update: in times of COVID-19. Rome. http://https://www.fsinplatform.org/sites/default/files/resources/files/GRFC2020_September%20Update.pdf [2020-12-23].

Gómez D, Salvador P, Sanz J, et al. 2018. Machine learning approach to locate desert locust breeding areas based on ESA CCI soil moisture. Journal of Applied Remote Sensing, 12 (3): 036011.

Gómez D, Salvador P, Sanz J, et al. 2019. Desert locust detection using earth observation satellite data in Mauritania. Journal of Arid Environments, 164: 29-37.

Ji R, Xie B Y, Li D M, et al. 2004. Use of MODIS data to monitor the oriental migratory locust plague. Agriculture, Ecosystems and Environment, 104: 615-620.

Kimathi E, Tonnang H E Z, Subramanian S, et al. 2020. Prediction of breeding regions for the desert locust Schistocerca gregaria in East Africa. Scientific Reports, 10 (1): 1-10.

Latchininsky A V, Sivanpillai R. 2010. Locust habitat monitoring and risk assessment using remote sensing and GIS technologies // Ciancio A, Mukerji K. Integrated Management of Arthropod Pests and Insect Borne Diseases. Dordrecht: Springer: 163-188.

Latchininsky A V. 2013. Locusts and remote sensing: a review. Journal of Applied Remote Sensing, 7 (1): 075099.

Latchininsky A, Piou C, Franc A et al. 2016. Applications of remote sensing to locust management//Baghdadi N, Iribi M. Land Surface Remote Sensing. Amsterdam: Elsevier: 263-293.

Magor J I, Ceccato P, Dobson H M, et al. 2007. Desert locust technical series. http://www.fao.org/ag/locusts/common/ecg/1288/en/TS35ePart1text.pdf [2020-12-23].

Pedgley D. 1981. Desert Locust Forecasting Manual. London, UK: University of Greenwich.

Pekel J F, Ceccato P, Vancutsem C, et al. 2011. Development and application of multi-temporal colorimetric transformation to monitor vegetation in the desert locust habitat. IEEE Journal of Selected Topics in Applied Earth Observations and Remote Sensing, 4 (2): 318-326.

Piou C, Lebourgeois V, Benahi A S, et al. 2013. Coupling historical prospection data and a remotely-sensed vegetation index for the preventative control of desert locusts. Basic and Applied Ecology, 14 (7): 593-604.

Piou C, Gay P E, Benahi A S, et al. 2019. Soil moisture from remote sensing to forecast desert locust presence. Journal of Applied Ecology, 56 (4): 966-975.

Salih A A M, Baraibar M, Mwangi K K, et al. 2020. Climate change and locust outbreak in East Africa. Nature Climate change, 10 (7): 584-585.

Showler A T. 2008. Desert Locust, Schistocerca gregaria Forskål (Orthoptera: Acrididae) Plagues. Hingham: Kluwer Academic Publishers.

Shroder J F, Sivanpillai R. 2016. Biological and Environmental Hazards, Risks, and Disasters. Massachusetts: Academic Press: 67-86.

Simões P M V, Ott S R, Niven J E. 2016. Environmental adaptation, phenotypic plasticity, and associative learning in insects: the desert locust as a case study. Integrative and Comparative Biology, 56 (5): 914-924.

Simpson S J, Despland E, Hägele B F, et al. 2001. Gregarious behavior in desert locusts is evoked by touching their back legs. Proceedings of the National Academy of Sciences, 98 (7): 3895-3897.

Simpson S J, Sword G A. 2008. Locusts. Current Biology, 18 (9): 364-366.

Song P L, Zheng X M, Li Y Y, et al. 2020. Estimating reed loss caused by Locusta migratoria manilensis using UAV-based hyperspectral data. Science of the Total Environment, 719: 137519.

Steedman. 1990. Desert locust: lifecycle. http://www.nzdl.org/gsdlmod?e=d-00000-00---off-0hdl--00-0----0-10-0---0---0direct-10---4-------0-1l--11-en-50---20-about---00-0-1-00-0-0-11-1-0utfZz-8-10-0-0-11-10-0utfZz-8-00&cl=CL1.10&d=HASHd1edbf77fbe3fa2e5e3da5.4.2&gt=1 [2020-12-23].

Symmons P M, Cressman K. 2001. Desert locust guidelines 1. biology and behavior. http://www.fao.org/ag/locusts/common/ecg/347_en_DLG1e.pdf [2020-12-23].

Tucker C J, Roffey J U, Hielkema J U. 1985. The potential of satellite remote sensing of ecological conditions for survey and forecasting desert-locust activity. International Journal of Remote Sensing, 6 (1): 127-138.

Van der Werf W, Woldewahid G, Van Huis A, et al. 2005. Plant communities can predict the dis-tribution of solitarious desert locust Schistocerca gregaria. Journal of Applied Ecology, 42: 989-997.

Višnjevac N, Mihajlović R, Šoškić M, et al. 2019. Prototype of the 3D cadastral system based on a NoSQL database and a Javascript visualization application. International Journal of Geo-Information, 8 (5): 227.

Waldner F, Ebbe M A B, Cressman K. et al. 2015. Operational monitoring of the desert locust habitat with earth observation: an assessment. International Journal of Geo-Information, 4 (4): 2379-2400.

Yamagishi Y, Yanaka H, Suzuki K, et al. 2010. Visualization of geoscience data on Google Earth: Development of a data converter system for seismic tomographic models. Computers and Geosciences, 36 (3): 373-382.

Zha Y, Ni S X, Gao J, et al. 2008. A new spectral index for estimating the oriental migratory locust density. Photogrammetric Engineering and Remote Sensing, 74 (5): 619-624.